C 程序设计

主　编：孙凤美

副主编：李利萍　姜　伟　李明仑

科学技术文献出版社

SCIENTIFIC AND TECHNICAL DOCUMENTATION PRESS

·北京·

图书在版编目（CIP）数据

C程序设计 / 孙凤美主编. —北京：科学技术文献出版社，2015.9（2018.7重印）
ISBN 978-7-5189-0602-4

Ⅰ.① C…　Ⅱ.①孙…　Ⅲ.① C语言—程序设计　Ⅳ.① TP312

中国版本图书馆 CIP 数据核字（2015）第 189446 号

C程序设计

策划编辑：崔灵菲　　责任编辑：王瑞瑞　　责任校对：赵　瑗　　责任出版：张志平

出 版 者　科学技术文献出版社
地　　址　北京市复兴路15号　邮编　100038
编 务 部　（010）58882938，58882087（传真）
发 行 部　（010）58882868，58882874（传真）
邮 购 部　（010）58882873
官方网址　www.stdp.com.cn
发 行 者　科学技术文献出版社发行　全国各地新华书店经销
印 刷 者　北京虎彩文化传播有限公司
版　　次　2015 年 9 月第 1 版　2018 年 7 月第 4 次印刷
开　　本　787×1092　1/16
字　　数　348千
印　　张　18.25
书　　号　ISBN 978-7-5189-0602-4
定　　价　46.00元

前　言

C语言是一种结构化语言，层次清晰，便于按模块化方式组织程序，易于调试和维护。C语言的表现能力和处理能力极强，它不仅具有丰富的运算符和数据类型，便于实现各类复杂的数据结构；它还可以直接访问内存的物理地址，进行位 (bit) 一级的操作。由于C语言实现了对硬件的编程操作，其实现了将高级语言和低级语言的功能集于一体，既可用于系统软件的开发，也适合于应用软件的开发。此外，C语言还具有效率高、可移植性强等特点。因此，C语言从诞生之日起就被广泛地移植到了各种类型的计算机上，从而受到了广大编程人员的喜爱。

现在许多大中专院校都开设了C语言课程，越来越多的计算机程序设计人员也把C语言作为入门语言，教育部考试中心在全国计算机等级考试的考试大纲中，也把C语言作为程序设计二级考试的可选语言之一、三级考试必考语言。

本书在编写过程中努力做到概念准确、叙述流畅、重点突出、例题实用性强、通俗易懂。

本书主要有以下特点：

1. 结构清晰、紧凑；

2. 精选理论，强化实践，突出技能；

3. 本着循序渐进的原则，先提出项目任务，引入涉及的知识和语法规则，然后通过实例分析加深理解，前导后续，最后对重点、难点进行总结；

4. 例题丰富，趣味性较强，全部上机调试通过；

5. 例题程序书写规范，读者通过学习和模仿，有利于养成良好的编程习惯；

6. 习题量大，针对性强。

不少人在学习C语言时，感到入门难，对很多问题的理解支离破碎，编者建议初学者一定要多读，反复研读，勤于思考，然后试着去写，举一反三，多读多写多上机调试，只有这样才能尽快掌握和运用C语言去解决实际问题。

本书项目一、项目二、项目三由孙凤美编写，项目四、项目五、项目六由李利萍编写，项目七、项目八由姜伟编写，其中项目四至项目八中的知识链接部分由孙凤美编写，附录由李明仑编写，在编写过程中得到了领导和同仁们的大力支持和帮助，全书由孙凤美统稿定稿。在本书编写过程中邀请了潍坊北大青鸟华光照排有限公司软件技术总监殷建民、潍坊歌尔电子有限公司开发部经理郎卫东等一线软件编程人员参加编写，并担当主审，使本书的基础知识与实际工作需求紧密结合，例题全部能独立运行。

本书的编写和出版在各方面都得到了许多友人的支持和帮助，在此一并表示感谢。

由于作者水平有限，书中难免存在纰漏之处，敬请批评指正。

编　者

2015 年 7 月

目录 Contents

项目一

学生信息输入输出

学习情境

计算机应用技术班进行了一次考试，需要设计一个程序，实现下列功能：

1. 按指定格式输入输出学生成绩；
2. 计算学生的总成绩及平均成绩。

学习目标

了解C语言的基本结构，熟悉Win–TC开发程序的流程；
掌握C程序的基础知识；
掌握C语句及赋值语句的概念；
掌握各种数据类型的输入输出方法。

任务1　学生信息输入输出

知识目标	熟练区分数据类型 学会顺序结构程序执行过程 学会不同数据类型的输入输出方法
能力目标	学会Win–TC软件的安装 调试运行简单C程序
素质目标	培养学生对新事物的接受能力 培养学生自我学习的能力
重点内容	标识符、常量、变量 数据类型 输入输出语句
难点内容	数据类型划分，输入输出格式

1.1.1 任务描述

计算机应用技术班进行了一次考试，要求设计一个程序，实现下列功能：

（1）新建一个文件 p1_1.c；

（2）按格式要求输入 2 个学生成绩并输出。

1.1.2 任务实现

```
#include <stdio.h>
main ()
{
   int x, y;    /* 定义 2 个整型变量 x 和 y*/
   printf ("please input 2 student achievement:") ;  /* 输出提示字符串 */
   scanf ("%d%d", &x, &y) ;      /* 从键盘接受 2 个值送给变量 x 和 y*/
   printf ("2 student achievement is:") ;
   printf ("x=%d, y=%d\n", x, y) ; /* 输出变量 x 和 y 的值 */
   getch () ;
}
```

程序执行结果如图 1.1 所示。

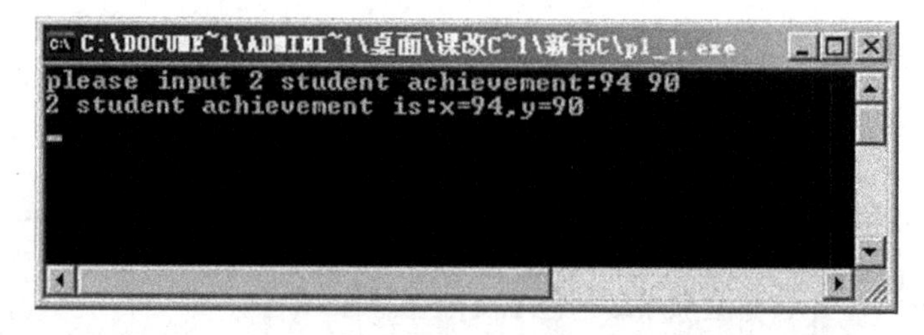

图 1.1　任务 1 执行结果

1.1.3 任务分析

（1）这是一个最简单的 C 程序，学习 C 语言就由此开始吧！

（2）C 程序是由函数组成的，函数就是相对独立的可以完成特定功能的程序段。本程序就是由一个称为 main 的函数构成的。其中 main 是函数的名字，函数名后都要有一对圆括号，用来写函数参数的，本程序的 main 函数没有参数所以不写，但圆括号不能省略。

（3）一个完整的程序必须有一个 main 函数，称为主函数，程序总是从 main 函数开始执行的，也就是说，main 函数是程序的入口。

（4）main() 后面花括号内的部分称为函数体。本程序中的函数体只由一个语句组成。一般情况下函数体由“说明部分”和“执行部分”组成。说明部分的作用是定义数据类型；执行部分给出操作命令。

（5）C 程序的每一条基本语句都以“;”结束。

（6）可以用 / * ... * / 对 C 程序的任何部分作注释，用来解释该条语句或该段程序的含义或作用，只是为了帮助程序阅读者更好地理解程序中有关部分内容而写的。

（7）首先应该考虑程序中要用到的数据的个数，显然本例中要用到两个数，即 x 和 y，所以先定义两个变量。语句 int x，y; 的作用就是定义两个变量，名字分别为 x、y，类型都是整型。int 表示整型，是 C 语言的关键字（见知识链接）。

（8）库函数调用 scanf ("%d%d", &x, &y) ; 用来实现从键盘接收用户输入的数据，并送到变量 x 和 y 所对应的地址单元中。这也意味着，变量 x 和 y 的值就是输入的值。例如从键盘输入 95 和 88，那么变量 x 的值就是 95，变量 y 的值就是 88。& 表示取地址（也称为取地址运算符），“%d”用来限制输入数据的格式是整数（见知识链接）。

（9）库函数调用 printf 用于输出结果到屏幕上（见知识链接）。

（10）#include 语句是编译预处理语句，其作用是将有双引号或尖括号括起来的文件内容代替这行 #include 命令，也就是使该文件的内容被整个地调到 main 函数的前面。“.h”是“头文件”的后缀，输入输出函数一般需要使用 #include 语句将包含输入输出函数说明信息的头文件“stdio.h”包含到源文件中。

1.1.4　知识链接

（1）简单 C 语言程序的构成

通过任务 1 的程序可以看出，简单 C 程序结构如下：

```
# include <stdio.h>  /* 头文件 */
main ()     /* 函数名 */
{           /* 函数体 */
   变量声明部分；
   执行语句部分；
}
```

C 语言程序严格区分大、小写，相同字母的大、小写 ASCII 码不同，代表不同的标识符，C 语言的关键字、库函数和基本语句都是用小写字母表示的。

(2) 标识符

在C语言中，标识符是用来标识变量名、符号常量名、函数名、数组名、文件名等的有效字符序列。简言之，标识符就是以字母、下划线开头的字母、数字和下划线的组合。

C 语言中的标识符可以分为以下三大类。

1) 关键字

关键字又称保留字，是一种系统预先定义的、具有特殊意义的标识符。用户不能重新定义关键字，也不能把关键字定义为一般的标识符，如关键字不能作变量名、函数名等，所有的关键字均用小写字母。

C语言的关键字有类型标识符、控制流标识符、其他标识符等。

①类型标识符

为了对数据进行存储和处理，C 语言把数据分成了多种类型，每一种类型的数据各有其特点，在数据的表示、存储、运算等方面各自具有一些不同的特性，对于一个具体问题，要设计它的实现算法，必然要考虑数据的类型。

C 语言的数据类型分为基本类型和构造类型，下列关键字用于定义数据变量的类型：

int　char　float　double　long　short　unsigned　struct　union

enum　auto　void　extern　register　static　typedef

②控制流标识符

C 语言语句中专用的标识符：

goto　return　continue　break　if　else　for　do　while　switch　case　default

③其他标识符

sizeof 用于计算数据类型所占的字节数，也称为求字节数运算符。

需要注意的是 C 语言中的关键字都是小写字母。

2) 预定义标识符

这些标识符在C语言中都有特定的含义，如库函数的名字和预编译处理命令等。C语言语法允许这类标识符另作他用，但这将使这些标识符失去系统规定的原意，鉴于目前各种计算机系统的C语言都一致把这类标识符作为固定的库函数名和预编译处理中的专门命令使用，因此为了避免误解，建议用户不要把这些预定义标识符另作他用。

①预编译处理命令

这些编译指令通知编译器在编译工作开始之前对源程序进行某些处理，称为编译预处理。编译指令都是用“#”引导。C 语言编译预处理主要包括宏定义、文件包含和条件编译：

#define　#include　#undef　#ifdef　#endif

②库函数

系统定义的函数，如输入输出函数、数学函数、字符处理函数等，例如 printf、scanf、fabs、sin、strcat、strlen 等。

3）用户标识符

由用户根据需要定义的标识符称为用户标识符。一般用来给变量、函数、数组或文件等命名。程序中使用的标识符除要遵循命名规则外，还应注意做到“见名知义”，即选用具有相同含义的英文单词或汉语拼音，以增加程序的可读性，如 name、week、number、area 等。

如果用户标识符与关键字相同，程序在编译时将给出出错信息。如果与预定义标识符（预处理标识符或库函数名）相同，系统并不报错，只是该预定义标识符将失去原来含义，代之以用户确认的含义，或引发一些运行时的错误，所以尽量避免使用预定义标识符作为用户标识符。

C 语言规定，所有的标识符必须满足以下规则：

①标识符中打头的字符必须是字母（a～z，A～Z）或下划线（_）；

②标识符中的其他字符只能是字母、数字（0～9）或下划线；

③大小写字母代表不同的标识符，不能混用替代；

④用户标识符不能和 C 语言中的关键字相同；

⑤在 Turbo C 中系统能识别的标识符的最大长度是 32，所以一般情况下标识符的长度不宜超过 32 个字符。

下面列举几个合法和非法的用户标识符的例子：

合法标识符	**非法标识符**
sum	5sum（以数字开头）
_a123	a+3（含有特殊字符 +）
LONG	long（long 是 C 语言中的关键字）
S1_no	s1 no（标识符中不能含空格）
Abs	ab$（标识符中不能含字符 $）

（3）常量

常量是指在程序运行过程中，其值保持不变的量。

常量在 C 语言中出现的形式一般有两种：直接常量和符号常量。从其字面形式即可判断出的常量称为字面常量或直接常量；用一个标识符来代表一个常量，则称之为符号常量。

1）直接常量

C 语言中的直接常量有以下四种。

①整型常量

C 语言中整型常量可以用十进制、八进制和十六进制来表示。

十进制整型常量由数字 0～9 和正（+）负（-）号组成，如 68、0、-19、+10。

八进制整型常量由数字 0～7 组成，在常量前加数字 0（注意不是字母 o），如 010、012、017，它们分别代表十进制的 8、10、15。

十六进制整型常量由数字 0～9 和字母 a～f（或 A～F）组成，在常量前加 0x（或 0X），如 0x10、0X12、0x1f、0XAB，它们分别代表十进制的 16、18、31、171。

整型常量后可以用 u 或 U 说明为无符号整型数；用 l 或 L 说明为长整型数。

②实型常量

实型常量分小数形式和指数形式两种表示形式。

小数形式由小数点（.）、数字（0～9）和正（+）负（-）号组成，如 31.6、-7.48。

指数形式则以“e”或“E”后跟一个整数来表示以 10 为底的幂数，如数学中的 1.12×10^6 用 C 语言表示为 1.12e6，12×10^4 用 C 语言表示为 12e4；

C 语言语法规定：指数形式表示实型常量字母 e（或 E）前面必须有数字，且 e（或 E）后面的指数必须为整数（可加正负号）。注意，e（或 E）的前后及数字之间均不得插入空格。

如 E4、.E6、12E3.6、1.2 e2、1.1e 6、2.1 e 4 均不合法。

指数形式的科学计数法要求：e（或 E）前面的数字小数点前只能保留一位非 0 数字，如 1.12e6 是科学计数法的实型常量，而 12e4 不是科学计数法的实型常量，但是指数形式的实型常量。

③字符常量

单引号括起来的一个字符，有且仅有一个字符，如 'a'、'c'、'8'、‘$’、'␣'（␣表示空格，以下同）。

字符常量还包括转义字符常量，转义字符常量以一个反斜线“\”开头，后跟一个特定的字符，用来表示某一个特定的 ASCII 字符，这些字符常量也必须括在一对单引号内。如：

'\n'	换行
'\r'	回车
'\b'	退格
'\t'	制表（横向跳格）
'\''	单引号（单撇号）

'\"'　　　　双引号（双撇号）

'\ddd'　　　　1～3 位八进制数所代表的 ASCII 码字符

'\xhh'　　　　1～2 位十六进制数所代表的 ASCII 码字符

'\f'　　　　走纸换页

'\\'　　　　反斜杠字符

④字符串常量

双引号括起来的一串（0～n 个）字符，如 "china"、"ligong"、"123ong"、"1234"、"#$%*&"、""（空串）、"　"（空格串）。

思考：空串与空格串的区别。

2）符号常量

用一个符号名（用户标识符）来代表一个常量，这个符号必须在程序中预先用 define“指定”。看下面的例子：

例 1.1　计算圆的面积。

程序分析：圆的面积 $s=\pi r^2$

程序代码：

```
#define PI 3.14
main ()
{
 float r, s;   /* 定义圆的半径变量 r，圆的面积变量 s */
 scanf ("%f", &r) ; /* 输入圆的半径 */
 s=PI*r*r;      /* 计算圆的面积 */
 printf ("s=%f\n", s) ; /* 输出圆的面积 */
 getch () ;
}
```

输入：10

输出：s=314.000000

在这个程序中，用 #define 命令设置 PI 这个标识符为符号常量，即标识符形式的常量，它的值在程序运行期间不能改变，这里的 PI 在随后的程序中代表常量 3.14。

习惯上，符号常量名用大写，变量名用小写，以示区别。使用符号常量可以提高程序的可读性，便于修改，具有以下优点：

①望文生义

定义符号常量名应尽量考虑“见名知义”。

②修改方便，一改全改

在需要改变一个常量的值时，能做到“一改全改”。例如，上面的程序做如下修改：

#define PI 3.1415926

则在程序中出现的所有 PI 都代表 3.1415926。

注意：符号常量是常量，不同于变量，它的值在其作用域内不能改变。如果在程序中再用赋值语句对 PI 进行赋值是错误的，如 PI=10。

（4）变量

在程序运行过程中，其值可以改变的量称为变量。一个变量应该有一个名字作为标识，变量名的命名必须遵循用户标识符命名规则并应考虑“见名知义”的原则。如用“sum”代表“总和”、用“name”代表“姓名”等。

实际上变量在其作用域内，在内存中占据一定的存储单元，在该存储单元中存放变量的值。在程序中使用一个变量之前，先要对它进行定义，即先定义后使用。

在 C 语言中所用到的变量都必须指定其数据类型。指定了数据类型，也就定义了变量在计算机中内存中所占的空间字节数。

C 语言中常用的数据类型如图 1.2 所示。

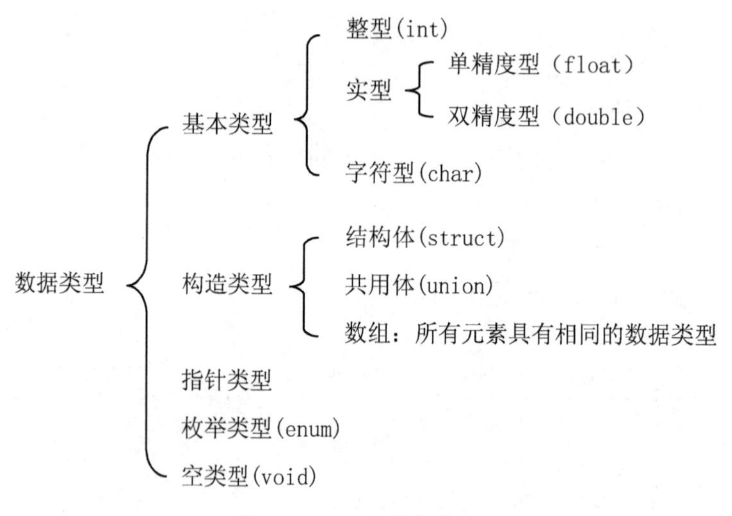

图 1.2　C 语言数据类型

变量定义的一般形式是：

类型名　变量名列表；

```
如 int    i, j, k ;
   float  r, s ;
   char   ch;
```

1）整型变量

整型变量的基本类型为 int。通过加上修饰符，可定义更多的整型数据类型。

①根据数据范围可以分为：基本整型 (int) 、短整型（short int）、长整型（long int）。用 long 型可以获得大范围的整数，但同时会降低运算速度。

②根据是否有符号可以分为：有符号（signed，默认）、无符号（unsigned）。

归纳起来可以用六种整型变量（中括号中的内容可以省略）：

有符号基本整型：[signed] int；

有符号短整型：[signed] short [int]；

有符号长整型：[signed] long [int]；

无符号基本整型：unsigned [int]；

无符号短整型：unsigned short [int]；

无符号长整型：unsigned long [int]。

表 1.1　整型数的表示范围

类型名称	所占字节数	数的范围
[signed] int	2	−32768 ～ 32767
[signed] short [int]	2	−32768 ～ 32767
[signed] long [int]	4	−2147483648 ～ 2147483647
unsigned [int]	2	0 ～ 65535
unsigned short [int]	2	0 ～ 65535
unsigned long [int]	4	0 ～ 4294967295

2）实型变量

实型变量分为：单精度 (float) 、双精度 (double) 和长双精度（long double）三种。

ANSI C 没有规定每种数据类型的长度、精度和数值范围。在 Turbo C、Turbo C++6.0、MS C 中有关浮点型的数据见表 1.2，不同的系统会有差异。

表 1.2　浮点型数据的表示范围

类型	字节数	有效数字位数	数值范围
float	4	6 ～ 7	$-3.4\times10^{-38} \sim 3.4\times10^{38}$
double	8	15 ～ 16	$-1.7\times10^{-308} \sim 1.7\times10^{308}$
long double	16	18 ～ 19	$-1.2\times10^{-4932} \sim 1.2\times10^{4932}$

3）字符型变量

字符型变量是用来存放字符数据，用 char 来定义，一个变量只能存放一个字符。所有编译系统都规定用一个字节来存放一个字符，或者说，一个字符变量在内存中占一个字节。

字符数据在内存中的存储形式是以字符的 ASCII 码存放，占用 1 个字节。

字符数据以 ASCII 码存储的形式与整数的存储形式类似，这使得字符型数据和整型数据之间可以通用（当作整型量）。具体表现为：

①可以将整型量（在 ASCII 码范围内）赋值给字符变量，也可以将字符量赋值给整型变量。

②可以对字符数据进行算术运算，相当于对它们的 ASCII 码进行算术运算。

③一个字符数据既可以以字符形式输出（ASCII 码对应的字符），也可以以整数形式输出（直接输出 ASCII 码）。

在对变量进行定义时，还应注意以下几点：

①不同类型的变量应在各自数据说明行上定义，不要把它们统统写在一行上，以增加程序的可读性。

②在同一函数中，不允许对同一标识符做重复定义。

③变量名的定义尽量做到望文知义。

(5) 输入输出语句

1）赋值语句

赋值语句是表达式语句中最常见的一种语句，它由赋值表达式加分号构成。

赋值语句一般形式为：

变量 = 表达式；

即先计算赋值运算符右边的表达式的值，然后将此值赋给运算符左边的变量。例如：

```
y = 10;      /* 将常量 10 赋值给变量 y */
x = y + 1;  /* 将变量 y 的值加 1 后得到的结果赋给变量 x */
```

注意表达式与语句的区别：

a=b+c 是赋值表达式，而 a=b+c; 是赋值语句。

i=1, j=2 是逗号表达式，而 i=1, j=2; 是一条赋值语句。

i++ 和 j-- 是表达式，而 i++; 和 j--; 是赋值语句。

C 语言的赋值语句可由形式多样赋值表达式构成，用法灵活，因此应当首先掌握好赋值表达式的运算规律才能写出正确的赋值语句。C 语言的赋值语句具有其他高级语言的赋值语句的一切特点和功能。

2）输入输出

C 语言本身不提供用于输入和输出的语句，输入和输出操作是通过调用标准库函数实现的。

函数调用语句由函数调用表达式加一个分号构成，其一般形式为：

函数名（实际参数表）;

例如：printf ("You are a good student.") ; /* 调用库函数，输出字符串 */

调用 C 库函数时，要用预编译命令“#include”将有关的“头文件”包含到用户源文件中。

头文件包含函数说明、函数定义及定义的常量等，每个标准函数一般都有对应的头文件。比如 printf 等函数属于标准输入 / 输出库，对应的头文件是 stdio.h，也就是说如果要使用 printf 等函数，应当在程序的开头加 #include <stdio.h>（C 语言中只有函数 printf 和 scanf 可以省略头文件）。又如 fabs 函数属于数学库，对应的头文件是 math.h，如果要使用 fabs 函数计算绝对值，那么应当在程序的开头加 #include <math.h>。

C 语言的格式输入输出较复杂，用的不对就得不到预期结果，而输入输出又是最基本操作，几乎每一个程序都包含输入输出，本节对格式输入输出介绍较细，读者不必花太多精力去抠每一个细节，重点掌握一些常用的规则即可，其他的在需要的时候可随时查阅。

① printf 函数（格式输出函数）

按照用户指定的格式，向输出设备（终端）输出若干个任意类型的数据。

printf 函数的一般格式：

printf（格式控制字符串，输出项列表）;

函数参数包括两部分：

a.“格式控制字符串”是用双引号括起来的字符串，也称“转换控制字符串”，它指定输出数据项的类型和格式。

它包括两种信息：格式说明项和普通字符。

格式说明项：由“%”和格式字符（类型符）组成，如 %d, %f 等。格式说明总是由“%”字符开始，到格式字符终止。它的作用是将输出的数据项转换为指定的格式输出，输出项列表中的每个数据项对应一个格式说明项。

普通字符：即需要原样输出的字符，例如提示字符、逗号等。

b.“输出项列表”是需要输出的一些数据项，可以是常量、变量、表达式、函数等。

例如：a=10, b=20; 那么执行 printf ("a=%d，b=%d。", a, b) ; 后，输出“a=10，b=20。”。其中两个“%d”是格式说明，表示输出两个整数，分别对应变量 a, b，“a=”、

“，b=”、“。”是普通字符，原样输出。

由于 printf 是函数，因此“格式控制字符串”和“输出项列表”实际上都是函数的参数。printf 函数的一般形式又可以表示为：

printf (参数 1, 参数 2, 参数 3,…参数 n) ;

printf 函数的功能是将“参数 2”～“参数 n”按照“参数 1”给定的格式输出。

格式字符（构成格式说明项）：对于不同类型的数据项应当使用不同的格式字符构成格式说明项。常用的有以下几种格式字符（按不同类型数据，列出各种格式字符的常用用法）：

a. d 格式符：用来输出十进制整数，有以下几种用法：

%d：按照数据的实际长度输出。

%md：m 指定输出字段的宽度（整数）。如果数据的位数小于 m，则左端补以空格（右对齐），若大于 m，则按照实际位数输出。

%-md：m 指定输出字段的宽度（整数）。如果数据的位数小于 m，则右端补以空格（左对齐），若大于 m，则按照实际位数输出。

%ld：输出长整型数据，也可以指定宽度 %mld。

b. o 格式符：以八进制形式输出整数（不加前导 0）。注意是将内存单元中的各位的值按八进制形式输出，输出的数据不带符号，即将符号位也一起作为八进制的一部分输出。

c. x（X）格式符：以十六进制形式输出整数（不加前导 0x 或 0X）。与 o 格式一样，不出现负号。

d. u 格式符：用来输出 unsigned 无符号型数据，即无符号数，以十进制形式输出。

一个有符号整数可以用 %u 形式输出（值可能不同），反之，一个 unsigned 型数据也可以用 %d 格式输出。

例 1.2 整数的输出。

```
main ()
{
   int a= -1;
   printf ("%d, %o, %x, %u", a, a, a, a) ;
}
输出：-1, 177777, ffff, 65535
```

分析：1 的原码：0000 0000 0000 0001。

-1 在内存中的补码表示为：

1111 1111 1111 1111 ⇒ 1 111 111 111 111 111

十六进制：f　f　f　f　八进制：1　7　7　7　7　7

－1 是十进制，177777 是八进制，ffff 是十六进制，65535 是－1 的无符号值。

e. c 格式符：用来输出一个字符。一个整数只要它的值在 0～255 范围内，也可以用字符形式输出，反之，一个字符数据也可以用整数形式输出，还可以指定字段宽度，如 %mc, m 为整数。

例 1.3　字符数据的输出。

```
main ()
{
  char c='A';
  int i=65;
  printf ("%c, %d\n", c, c) ;
  printf ("%c, %d\n", i, i) ;
  getch () ;
}
运行结果：
A, 65
A, 65
```

分析：%c 是输出 ASCII 码对应的字符，而 %d 输出字符对应的 ASCII 码。

f. s 格式符：用来输出一个字符串。有以下几种用法：

%s，输出字符串

%ms，输出的字符串占 m 列，如果字符串长度大于 m，则字符串全部输出；若字符串长度小于 m，则左补空格（右对齐）。

%-ms，输出的字符串占 m 列，如果字符串长度大于 m，则字符串全部输出；若字符串长度小于 m，则右补空格（左对齐）。

%m.ns，输出占 m 列，但只取字符串左端 n 个字符，左补空白（右对齐）。

%-m.ns，输出占 m 列，但只取字符串左端 n 个字符，右补空白（左对齐）。

g. f 格式符：用来输出实数（包括单、双精度，双精度格式符还可以用 lf），以小数形式输出。有以下几种用法：

%f，不指定宽度，使整数部分全部输出，并输出 6 位小数。

%m.nf，指定数据占 m 列，小数点也占一位，其中有 n 位小数。如果数值长度小于 m, 左端补空格（右对齐），如果数值长度大于 m，则按照实际位数输出。

%-m.nf，指定数据占 m 列，其中有 n 位小数。如果数值长度小于 m, 右端补空格（左对齐）。

h. e 格式符：以指数形式输出实数。

%e，不指定输出数据所占的宽度和小数位数，由系统自动指定，指数部分占 4 位，其中 e 占 1 位，指数符号占 1 位，指数占 2 位。e 前的数值按照规格化指数形式（科学计数法）输出（小数点前必须有而且只有 1 位非 0 数字）。

例如：1.234567e+02（双精度）。

%m.ne 和 %−m.ne，指定宽度：m 总的宽度，n 小数位数。

i. g 格式符：用来输出实数，它根据数值的大小，自动选 f 格式或 e 格式（选择输出时占宽度较小的一种），且不输出无意义的 0（小数末尾 0）。

例 1.4 实数输出。

```
#include <stdio.h>
main ()
{
   float f=123.0;
   printf ("%f, %e, %g\n", f, f, f) ;
   getch () ;
}
输出：123.000000, 1.23000e+02, 123
```

以上介绍的 9 种格式符，归纳如表 1.3 所示。

表 1.3 printf 格式字符含义

字符格式	功能说明
d, i	以带符号的十进制整数形式输出整数（正数不输出“+”号）
o	以八进制无符号形式输出整数（不输出前导“0”）
x, X	以十六进制无符号形式输出整数（不输出前导“0x”），a ～ f 的大小写随 x 的大小写而改变
u	以无符号的十进制整数形式输出整数
c	只输出一个字符
s	输出一串字符
f	以小数形式输出单、双精度实数，隐含输出 6 位小数
e, E	以标准指数形式输出单、双精度实数
g, G	系统自动选用 %f 或 %e 格式中输出宽度较短的一种格式，不输出无意义的 0

在格式说明中，在 % 和上述格式字符之间可以插入以下几种附加符号（或叫修饰符），见表 1.4。

表 1.4　printf 格式字符含义

修饰符	功能说明
l	用于长整型整数，可加在 d、o、x、u 前面
m（代表正整数）	输出数据的最小宽度
.n（代表正整数）	n 表示输出的数据中小数点后有几位小数
－（减号）	输出的数字或字符在所占域中左对齐
+（加号）	使输出的数字总是带“+”号或“－”号
#	使输出的八进制或十六进制加前导 0 或 0x, 对其他格式不起作用

使用 printf 函数的几点说明：

a. 格式符以 % 开头，以上述 9 个格式字符结束，中间可以插入附加格式字符。

b. 除了 X, E, G 外，其他格式字符必须用小写字母，如 %d 不能写成 %D。

c. 可以在“格式控制”字符串中包含转义字符，如“…\n…”

d. 如果想输出字符 %，则应当在“格式控制”字符串中用两个 % 表示。

e. 对于长整型数 (long), % 和格式字符 d 之间一定要加 l，对于双精度数 (double), % 和格式字符 f 之间可以加 l，也可以不加。

f. 要使输出数总是带“+”和“–”, 在 % 和格式字符之间（指定的输出宽度之前）加一个“+”来实现，例：printf (“%+d, %+d”, 1, －1)；输出：+1，－1。

g. 在用格式字符 o 和 x 输出八进制和十六进制整数时，在输出数据的前面并不出现 0 和 0x，如果需要在输出的八进制和十六进制数添加 0 和 0x，可在 % 和格式字符 o (或 x) 之间插入一个 # 号（# 号对其他格式字符不起作用）。

② scanf 函数（格式输入函数）

scanf 函数是系统提供的标准输入函数，作用是在终端设备（或系统隐含指定的输入设备）输入数据。

scanf 函数的一般格式：

scanf (格式控制字符串 , 地址列表)；

其中，格式控制字符串的含义与 printf 类似，它指定输入数据项的类型和格式。地址列表是由若干个地址组成的列表，可以是变量的地址（& 变量名）或字符串的首地址。

例 1.5 用 scanf 函数输入数据。

```
main ()
{
   int a, b, c;
   scanf ("%d%d%d", &a, &b, &c) ;
   printf ("%d, %d, %d\n", a, b, c) ;
   getch () ;
}
```

分析：& 是地址运算符，&a 指变量 a 的地址，scanf 的作用是将键盘输入的数据保存到 &a, &b, &c 为地址的存储单元中，即变量 a, b, c 中。

%d%d%d 表示要求输入 3 个十进制整数，输入数据时，在两个数据之间以一个或多个空格分隔，也可以用空格、回车键、跳格键 (tab) 分隔。这种格式若使用其他符号分隔数据，变量将得到不正确的值。在以后的编程中一定要注意输入数据的格式和 scanf 函数中的格式控制统一起来，否则，程序结果不正确很难查找原因。

程序例 1.5 要达到给变量 a 输入值 3, 变量 b 输入值 4, 变量 c 输入值 5，合法的输入是（<CR> 表示 Enter 键，以下同）：

3 4（按 tab 键）5<CR> 或

3<CR>

 4 5<CR> 或

3（按 tab 键）4<CR>

 5<CR>

非法的输入：3, 4, 5<CR>

格式说明：

与 printf 函数中的格式说明相似，以 % 开始，以一个格式字符结束，中间可以插入附加字符。

注意：

对 unsigned 型变量所需的数据，可以用 %u, %d 或 %o, %x 格式输入。

可以指定输入数据所占列数，系统自动按它截取所需数据。

例 1.6 指定输入数据所占列数。

```
main ()
{
   int i1, i2;
```

```
    char c;
    scanf ("%3d%3c%3d", &i1, &c, &i2) ;
    printf ("i1=%d，c=%c，i2=%d\n", i1, c, i2) ;
    getch () ;
}
输入：123abc456<CR>
输出：i1=123，c=a，i2=456
```

如果 % 后有“*”附加格式说明符，表示跳过它指定的列数，这些列不赋值给任何变量。

如：

scanf ("%3d%*3c%2d", &i1, &i2) ;

输入：123456789<CR> 后，i1=123, i2=78, (456 被跳过) 。

在利用现有的一批数据时，有时不需要其中某些数据，可以用此方法“跳过”它们。

输入数据时可以指定数据字段的宽度，但不能规定数据的精度。

例如，scanf ("%7.2f", &a) ; 是不合法的，不能指望使用这种形式通过输入 1234567 获得 a=12345.67。

使用 scanf 函数应当注意的问题：

a. scanf 函数中“格式控制”后面应当是变量地址，而不应是变量名。

例如: int x, y; scanf ("%d, %d", x, y) ; 不合法，因为scanf中输出项要求使用地址。

b. 在“格式控制”字符串中如果除了格式说明以外还有其他字符，则在输入数据时在对应位置应当输入与这些字符相同的字符（建议不要使用这种格式）。

如：

scanf ("%d, %d, %d", &a, &b, &c) ; 应当输入 3, 4, 5<CR>；不能输入 3 4 5<CR>。

scanf ("%d:%d:%d", &h, &m, &s) ; 应当输入 12:23:36<CR>。

scanf ("a=%d, b=%d, c=%d", &a, &b, &c) ; 应当输入 a=12, b=24, c=36<CR> (太啰嗦)。

c. 在用“%c”格式输入字符时，空格字符和转义字符都作为有效字符输入，%c 只要求读入一个字符，后面不需要用空格作为两个字符的间隔。

对于 scanf ("%c%c%c", &c1, &c2, &c3) ;

输入：a b c<CR> 后，c1='a', c2=' ', c3='b'，后面的 c 不被接受。

d. 在输入数据时，遇到下面情况认为该数据结束：

i. 遇到空格，或按“回车”或“跳格”(tab) 键如：

int a, b, c;

scanf ("%d%d%d", &a, &b, &c) ;

输入：12 34 (tab) 567<CR> 后，a=12, b=34, c=567。

ii. 按指定的宽度结束

scanf ("%3d%1d%2d", &i1, &i2, &i3) ;

输入：123456789<CR> 后，i1=123, i2=4, i3=56。

iii. 遇到非法的输入

如：

int a;

float a, c; char b;

scanf ("%d%c%f", &a, &b, &c) ;

输入：1234a123o.26<CR> 后，a=1234, b='a', c=123.0 (而不是希望的 1230.26)。

C 语言的格式输入输出的规定比较烦琐，重点掌握最常用的一些规则和规律即可，其他部分可在需要时随时查阅。

③字符型输入输出函数（getchar、putchar）

用于字符型数据的输入或输出。

a. getchar 函数（字符输入函数）

一般形式：**c=getchar () ;**

功能：从键盘输入一个字符，以回车键确认，函数的返回值就是输入的字符。

注意：getchar 后的一对圆括号内没有参数，但这一对圆括号不能省，空格、回车符都将作为字符读入，只有在敲入 Enter 键时，读入才开始执行。

例如：c=getchar () ; 如果从键盘输入一个 A<CR>，那么变量 c='A';

b. putchar 函数（字符输出函数）

一般形式：**putchar (字符表达式) ;**

功能：向终端（显示器）输出一个字符（可以是可显示的字符，也可以是控制字符或其他转义字符）。

例如：

putchar ('y') ; putchar ('\n') ; putchar ('\101') ;

putchar (ch) ; ch 为字符型变量。

④字符串输入输出函数（gets、puts）

用于字符串数据的输入或输出。

a. gets 函数（字符串输入函数）

一般形式：**gets (str_adr)** ; str_adr 是地址，一般是数组名或指针变量。

功能：接收从键盘输入的一个字符串，存放在字符数组 str_adr 中。

例如：

char s[81];　/* 数组在后续章节中介绍 */

gets (s) ;

从键盘输入：I am a good student.< CR > 后，字符数组 s 中的值是 I am a good student.

注意与格式字符串输入的区别：使用 scanf 中的 %s 输入字符串时遇到空格或按“回车”或“跳格”(tab) 键，字符串输入结束；而使用 gets 输入字符串时，只有按“回车”键字符串输入才结束。

b. puts 函数（字符串输出函数）

一般形式：puts (str_adr) ;

功能：将字符串或字符数组中存放的字符串输出到显示器上。

上例中如果调用 puts (s) ; 则屏幕上输出：I am a good student.

例：puts (“China\nBeijing\n”) ;

屏幕上输出：China

Beijing

注意与格式字符串输出的区别：使用 printf 中的 %s 输出字符串时不自动换行，如果需要换行要加转义字符常量“\n”；而使用 puts 输出字符串时，自动换行。

3）空语句

C 程序中所有语句都必须由一个分号“；”作为结束，如果只有一个分号，如：

```
main ()
{
        ;
}
```

这个分号也是一条语句，称为“空语句”。

空语句不执行任何动作，但从语法上看，它起一个语句的作用。空语句虽然不执行任何动作，但如果随意加分号也会导致逻辑上的错误，要慎用。

4）复合语句

C 语言中花括号 { } 不仅可以作为函数体的开头和结尾标志，也可作为复合语句的开头和结尾标志。

C 语言中规定把多于两条（包含两条）的语句用花括号 {} 括起来，组成的一个语句称为一个复合语句，也称为语句块。

复合语句的形式如下：

{ 语句 1; 语句 2; …; 语句 n; }

例如：

```
{ x=y+z;
  a=b+c;
  printf ( “%d%d” , x, a) ;
}
```

这是一条复合语句。

对于复合语句要注意以下几点：

①一个复合语句在语法上等同于一个语句，因此，在程序中，凡是单个语句（如表达式语句）能够出现的地方都可以出现复合语句，并且，复合语句作为一个语句又可以出现在其他复合语句的内部。

②复合语句是以右花括号为结束标志，因此，在复合语句右括号的后面不必加分号，但在复合语句内的最后一个非复合语句是要以分号作为结束的。

③在复合语句的嵌套结构（将函数体也看成是一个复合语句，而且是最外层的复合语句）中，一个复合语句内所进行的说明只适合于本层中该说明语句以后的部分（包括其内层的复合语句），在该复合语句外不起作用（在以后的章节讨论局部变量时还要进一步讨论）。

④在复合语句的嵌套结构中，如果在内层与外层作了相同的说明，则按照局部优先的原则，内层复合语句中的执行结果不带回到外层。

任务 2　计算总分及平均分

知识目标	算术运算符及表达式 赋值运算符及表达式 自加自减运算符 混合表达式求值
能力目标	学会利用 C 语言对数据进行简单计算
素质目标	培养学生沟通能力 培养学生独立分析问题的能力 培养学生动手能力
重点内容	运算符、表达式求值
难点内容	自加自减运算，混合表达式求值

1.2.1　任务描述

计算机应用技术班进行了一次考试，要求设计一个程序，实现下列功能：

（1）新建一个文件 p1_2.c；

（2）按格式要求输入 2 个学生成绩；

（3）计算总分及平均分。

1.2.2　任务实现

```
#include <stdio.h>
main ()
{
  int x, y, sum;    /* 定义 3 个整型变量 x，y，sum*/
  float ave;    /* 定义实变量 ave*/
  printf ("please input 2 student achievement:") ; /* 输出提示字符串 */
  scanf ("%d%d", &x, &y) ;  /* 从键盘接受 2 个值送给变量 x 和 y*/
  sum=x+y;              /* 计算变量 x，y 的和 */
  ave= (float) sum/2;       /* 求变量 x，y 的平均值 */
  printf ("2 student achievement is:") ;  /* 输出提示字符串 */
  printf ("x=%d,  y=%d\n", x, y) ;          /* 输出变量 x 和 y 的值 */
  printf ("sum=%d, ave=%4.2f\n", sum, ave) ; /* 输出变量 sum 和 ave 的值 */
  getch () ;
}
```

程序运行结果如图 1.3 所示。

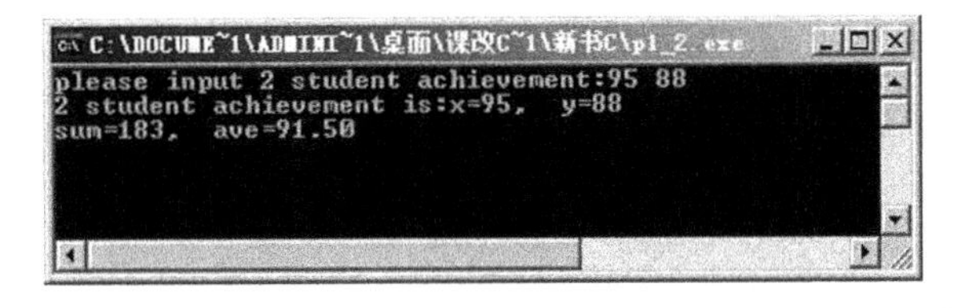

图 1.3　任务 2 运行结果

1.2.3　任务分析

从上面的程序可以看出，任务 2 比任务 1 多出了 2 个变量 sum 和 ave，通过计算，把 2 个学生成绩的总分放在了变量 sum 中，把 2 个学生成绩的平均分放在了变量 ave 中，在语句“sum=x+y;”和“ave= (float) sum/2;”中，出现了运算符和表达式及数据类型的转换。本任务要学习的内容是：

- 算术运算符和算术表达式；
- 赋值运算符和赋值表达式；
- 不同数据类型的转换。

1.2.4 知识链接

运算符：狭义的运算符是表示各种运算的符号。

表达式：由操作符和操作数构成，即使用运算符将常量、变量、函数等连接起来，构成表达式。

C 语言运算符丰富，范围很宽，把除了控制语句和输入 / 输出以外的几乎所有的基本操作都作为运算符处理，所以 C 语言运算符可以看作是操作符。C 语言丰富的运算符构成 C 语言丰富的表达式（是运算符就可以构成表达式）。

在 C 语言中除了提供一般高级语言的算术、关系、逻辑运算符外，还提供赋值符运算符，位操作运算符、自增自减运算符、逗号运算符、求字节运算符等。

（1）算术运算符和算术表达式

1）算术运算符

+（加法运算符或正值运算符，如 4+5，+6）

－（减法运算符或负值运算符，如 8－2，－3）

*（乘法运算符，如 4*5）

/（除法运算符，如 3/2 值为 1，3.0/2 值为 1.5）

%（模运算符或求余运算符，如 7%5 的值为 2，3%5 的值为 3）

说明：

①除了正负（+、－）值运算符是单目运算符外，其他都是双目运算符。

②除法运算符（/）：若除数、被除数均为整数，则商为整数，若除数、被除数有一个为实数，则商为实数。如 1/2=0，1.0/2=0.5。

③求余运算符（%）要求两侧均为整型数据，余数的符号与被除数符号相同。

2）算术表达式

算术表达式是指用算术运算符和括号将运算对象（也称操作数）连接起来的符合 C 语言语法规则的式子。这里所说的运算对象包括常量、变量、函数等。x*x －2*x*y+y*y 就是一个合法的 C 语言算术表达式。

注意 C 语言算术表达式的书写形式与数学表达式的书写形式有一定的区别：

① C 语言表达式中只能出现标识符允许的字符。例如，数学 πr^2 相应的 C 表

达式应该写成：PI*r*r（其中 PI 是已经定义的符号常量）。

② C 语言算术表达式的乘号（*）不能省略。例如：数学式 x^2-4xy，相应的 C 表达式应该写成：x*x － 4*x*y。

③ C 语言算术表达式不允许有分子分母的形式，应写成 x/y 的形式。

④ C 语言算术表达式只使用圆括号改变运算的优先顺序（不要使用 {}[]）。可以使用多层圆括号，此时左右括号必须配对，运算时从内层括号开始，由内向外依次计算表达式的值。

3）算术运算符的优先级与结合性

对运算符的优先级和结合性，C 语言中算术表达式的求值规律与数学中的四则运算规律类似。

- 先乘、除、求余后加、减；括号优先级最高。如 a+b*c 相当于 a+ (b*c) 。
- 同级运算，则自左至右进行结合。如：a–b+c，先算 a–b，结果再加 c。

如果一个运算符的两侧的数据类型不同，则系统会先自动进行类型转换，使二者具有同一种类型，然后进行运算。

（2）赋值运算符和赋值表达式

C 语言中，赋值运算符包括赋值运算符和复合赋值运算符。

1）简单赋值运算符和赋值表达式

赋值符号“=”就是赋值运算符，它的作用是将“=”右边的数据赋给左边的一个变量。

赋值表达式：由赋值运算符组成的表达式称为赋值表达式。

一般形式：**变量 = 表达式**

如：x=10; 其作用是把常量 10 赋给变量 x。

z=x/y; 其作用是将表达式 x/y 的值赋给变量 z。

说明：

①赋值运算符左边必须是变量而不能是常量或表达式，右边可以是常量、变量、函数调用或常量、变量、函数调用组成的表达式。例如：a=1　b=a+10　y=fun () 都是合法的赋值表达式，而 a ＋ b=c 这个式子就是不合法的赋值表达式。

②赋值符号“=”不同于数学中的等号，它没有相等的含义。

例如：C 语言中 x=x+1 是合法的（数学上不合法），它的含义是取出变量 x 的值加 1，再存放到变量 x 中。

③赋值运算时，当赋值运算符两边数据类型不同时，将由系统自动进行类型转换。

转换原则是：先将赋值号右边表达式类型转换为左边变量的类型，然后赋值。

2）复合赋值运算符和复合赋值表达式

在 C 语言中，在赋值运算符“=”之前加上其他运算符（算术运算符、位操作运算符），就构成复合赋值运算符。比如在“=”前加一个“＋”运算符，就成了复合运算符“+=”。

复合赋值表达式一般形式：< 变量 >< 双目运算符 >=< 表达式 >

等价于：< 变量 >=< 变量 >< 双目运算符 >< 表达式 >

如：复合算术赋值 (+=, −=, *=, /=, %=) 和复合位运算赋值 (&=, |=, ^=, >>=, <<=)。

参加算术复合运算的两个运算数（复合赋值运算符左边的变量和右边的表达式），先进行算术运算，然后将其结果赋给第一个运算数，如：

x+=1　　　等价于 x=x+1

a*=b+2　　等价于 a=a*（b+2）

y%=5　　　等价于 y=y%5

C 语言规定，算术运算符和位运算符（后续章节中介绍），都可以与赋值运算符一起组合成复合赋值运算符。它们分别是：

＋＝，－＝，＊＝，/＝，%＝，<<＝，>>＝，&＝，^＝，|＝

后 5 种是有关位运算的运算符。

3）自增、自减运算符

自增（++）和自减（−−）运算符是 C 语言中两个常用的运算符。运算符“++”是操作数加 1，而“−−”是操作数减 1，即：

++x, x++; 等同于 x=x+1;

−−x, x−−; 等同于 x=x−1;

自增和自减运算符可放在操作数之前，也可放在其后，但在表达式中这两种用法是有区别的。例如：x=x+1; 可写成 ++x; 或 x++;。

注意：

- 自增或自减运算符在操作数之前，称为前置，变量先自增 1、自减 1，再参与运算。
- 自增或自减运算符在操作数之后，称为后置。变量先参与运算，再自增 1、自减 1。

比如：++i，−−i　[在使用 i 之前，先使 i 的值加（减）1，再使用 i]

　　　i++，i−−　[先使用 i 的值，之后再使 i 的值加（减）1]

总体来说，++i 和 i++ 的作用相当于 i=i+1。但 ++i 和 i++ 不同之处在于 ++i 是先执行 i=i+1 后，再使用 i 的值；而 i++ 是先使用 i 的值后，再执行 i=i+1。

如 i 的原值等于 10，则：

① j=++i;　　　i 的值先变为 11，再把 11 赋给 j

② j=i++;   j 的值为 10，然后 i 变为 11

又如：i=5;

printf（"%d"，++i）; 输出 6。

若改为 printf（"%d"，i++）; 则输出 5。

关于自增运算符和自减运算符需要注意以下两点：

①自增运算符(++)和自减运算符(−−)只能用于变量，不能用于常量或表达式。

② ++ 和 −− 和正负号运算符（+、−）的优先级是一样的。

++ 和 −− 的结合方向是“自右至左”。

如对 −i++; 因负号运算符和“++”运算符同优先级，那么表达式的计算就要按结合方向。负号运算符和自增运算符的结合方向都是“自右至左”(右结合性），所以整个表达式相当于 −(i++)；先算右边的 i++，再与负号运算符结合。如果 i 的初值为 5，那么整个表达式的值为 −5，在得出表达式的值后，i 再增加 1，i 变成 6。

同样地，−(++i)；如果 i 的初值为 5，那么整个表达式的值为 −6，i 的值为 6。

4）逗号运算符和逗号表达式

C 语言提供一种特殊的运算符——逗号运算符（顺序求值运算符）。用它将两个或多个表达式连接起来，表示顺序求值（顺序处理）。用逗号连接起来的表达式称为逗号表达式。

例如：3+5, 6+8

逗号表达式的一般形式：

表达式 1, 表达式 2, …, 表达式 n

逗号表达式的执行过程是：自左向右，求解表达式 1，求解表达式 2, …, 求解表达式 n，整个逗号表达式的值是表达式 n 的值。

例如：逗号表达式 3+5, 6+8 的值为 14。

在所有运算符中逗号运算符优先级最低。

所有运算符优先级从高到低的优先次序依次是：

!(逻辑非)、算术运算符、关系运算符、&&（逻辑与）、||（逻辑或）、赋值运算符、逗号运算符。

5）强制类型转换

强制类型转换是通过类型转换运算来实现的。

其一般形式为：

(类型说明符)(表达式)

其功能是把表达式的运算结果强制转换成类型说明符所表示的类型。

例如：(float) a   把 a 转换为实型

(int) (x+y)   把 x+y 的结果转换为整型

在使用强制转换时应注意以下问题：

①类型说明符和表达式都必须加括号(单个变量可以不加括号)，如把 (int) (x+y) 写成 (int) x+y 则成了把 x 转换成 int 型之后再与 y 相加了。

②无论是强制转换或是自动转换，都只是为了本次运算的需要而对变量的数据长度进行的临时性转换，而不改变数据说明时对该变量定义的类型。例：

```
main ()
{
  float f=5.75;
  printf (" (int) f=%d, f=%f\n", (int) f, f ) ;
}
```

输出结果：(int) f=5, f=5.750000

本例表明，f 虽强制转为 int 型，但只在运算中起作用，是临时的，而 f 本身的类型并不改变。因此，(int) f 的值为 5 (删去了小数)，而 f 的值仍为 5.75。

任务 3　C 程序的编辑与运行

编写一个 C 语言程序到完成运行，一般要经过以下几个步骤：开机进入 C 语言编辑环境→输入与编辑源程序（.c）→对源程序进行编译产生目标代码（.obj）→连接各个目标代码、库函数生成可执行程序（.exe）→运行程序。

C 语言程序经过编辑、编译、连接到运行的全过程如图 1.4 所示。

早期的 C 语言编译环境是在 DOS 系统下的 Turbo C，随着 Windows 操作系统的普及与发展，人们越来越习惯使用 Windows 操作系统的窗口界面，使用鼠标进行操作，DOS 系统应用不太方便，使用越来越少，下面我们简要介绍在 Windows 环境下使用 WIN−TC 编辑与运行 C 程序的步骤。

WIN−TC 是一个集成开发环境，它可以完成一个 C 程序的编辑、编译、连接和运行的全过程。

WIN−TC 是一个 TC2.0 在 WINDOWS 平台下的开发工具。该软件使用 TC2.0 为内核，提供 WINDOWS 平台的开发界面，因此也就支持 WINDOWS 平台下的功能，例如使用鼠标剪切、复制、粘贴和查找替换等，而且在功能上也有它的独特特色。例如语法加亮、C 内嵌汇编、自定义扩展库的支持等，并提供一组相关辅助工具，使用户在编程过程中更加游刃有余，如虎添翼。WIN−TC 简、繁双语版可以正常运行于 98 及其以上的简体及繁体 WINDOWS 操作系统上。

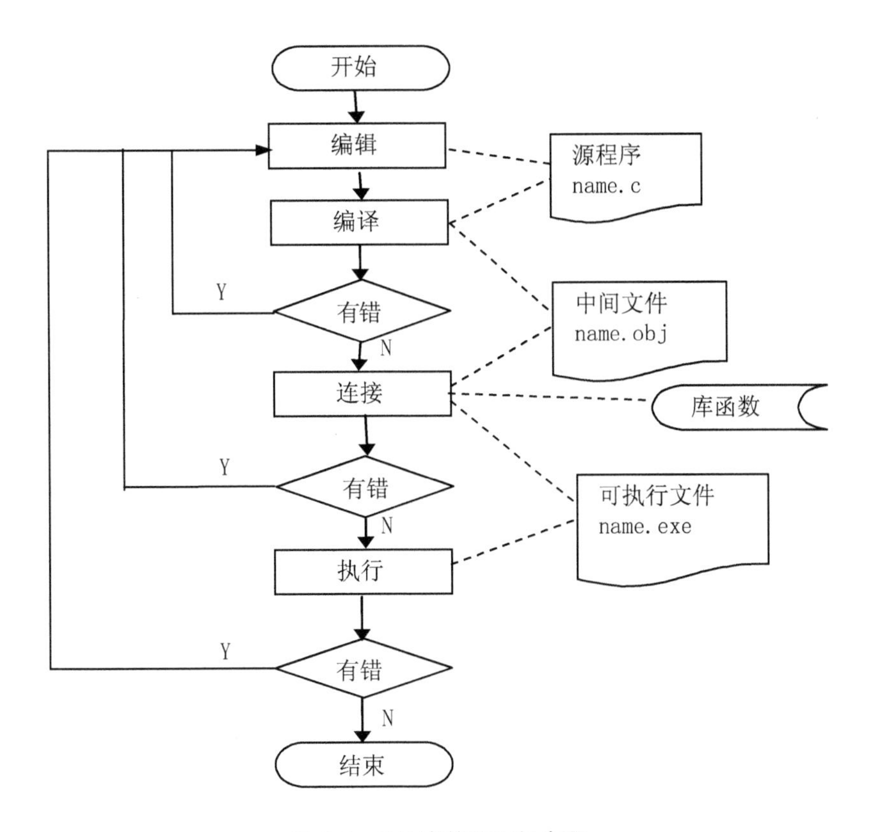

图 1.4　C 语言编辑运行步骤

(1) 启动 WIN−TC

安装WIN−TC后，在开始菜单的程序组里面将生成WIN−TC的程序组，点击WIN−TC的图标。WIN−TC开始运行后，在屏幕上显示如图1.5所示的主菜单窗口。

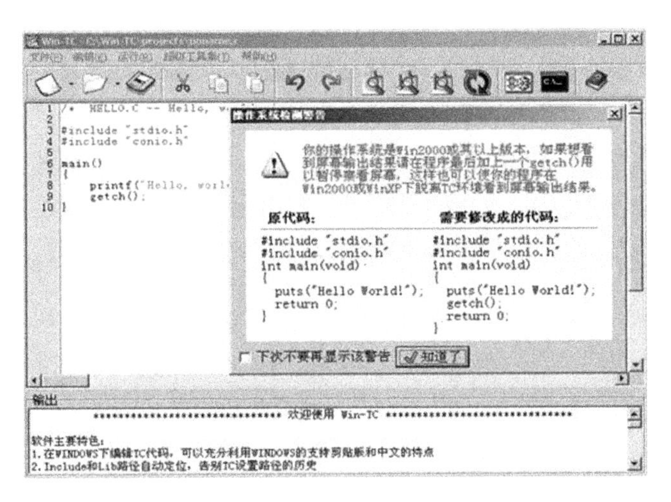

图 1.5　WIN−TC 开发集成环境

主菜单、常用菜单项及其主要功能见表 1.5。

表 1.5　主要菜单及主要功能

菜单选项名称	主要功能
文件	新建、打开、保存文件，退出编程环境
编辑	编辑程序文本，剪切、复制、粘贴、查找、替换等
运行	编译、连接、运行当前程序，编译配置等
超级工具集	英文 DOS 或中文 DOS 系统运行程序等
帮助	WIN−TC 帮助文件、TC 教程等

（2）编辑源文件

如果系统是 Windows 2000 或 Windows XP，将会先看到一个操作系统警告的对话框，单击【知道了】按钮进入编辑状态，在编辑窗口输入自己的程序，在 main 函数的结尾加上 getch () 来暂停观看一下屏幕输出结果。WIN-TC 默认打开的文件是 WIN-TC 安装目录下的 noname.c，可以在此基础上修改程序，也可以新建自己的程序。

（3）编译源程序、运行程序

接下来就可以编辑或者编译 C 语言程序了，只有通过编译，代码才能变成能够高效运行的软件。通过编译生成的文件后缀是 .obj，对于 TC 来说，一般习惯是直接编译连接生成与 .C 文件同名的 EXE 文件。

工具栏里有两个按钮：。第一个是编译链接按钮，第二个是编译链接并运行按钮（还可以使用“运行”菜单中的命令）。他们都可以编译用户的代码，所不同的是，编译链接并运行按钮，可以在编译后立即运行程序来检验是否是所期望的结果。

编译成功后出现“恭喜，编译成功”信息提示，如图 1.6 所示，单击“确定”就会看到程序的运行结果，如图 1.7 所示。如果程序有错误，会在下面的提示信息框中提示错误类型信息，编辑修改再编译运行，直到输出正确结果。

Win-TC - C:\Win-TC\projects\noname.c

文件(F)　编辑(E)　运行(R)　超级工具集(T)　帮助(H)

```
1 /*  HELLO.C -- Hello, world */
2
3 #include "stdio.h"
4 #include "conio.h"
5
6 main()
7 {
8     printf("Hello, world\n");
9     getch();
10 }
```

编译结果

恭喜，编译成功

确定

输出

开始编译文件：C:\Win-TC\projects\noname.c

noname.c:

可用内存　376738

图 1.6　编译成功后的信息提示

图 1.7　运行成功后的显示界面

习题一

一、选择题

1. 以下说法中正确的是（　）。

　A. C 语言程序总是从第一个定义的函数开始执行

　B. 在 C 语言程序中，要调用的函数必须在 main () 函数中定义

　C. C 语言程序总是从 main () 函数开始执行

D. C 语言程序中的 main () 函数必须放在程序的开始部分

2. 下列关于 C 语言用户标识符的叙述中正确的是（ ）。

A. 用户标识符中可以出现在下划线和中划线（减号）

B. 用户标识符中不可以出现中划线，但可以出现下划线

C. 用户标识符中可以出现下划线，但不可以放在用户标识符的开头

D. 用户标识符中可以出现下划线和数字，它们都可以放在用户标识符的开头

3. 以下有 4 组用户标识符，其中合法的一组是（ ）。

A. For	B. 4d	C. f2_G3	D. WORD
−sub	DO	IF	void
Case	Size	abc	define

4. 下面四个选项中，全部是不正确的八进制数或十六进制数的选项是（ ）。

A. 016 0x8f 018　　B. 0abc 017 0xa

C. 010 −0x11 0x16　　D. 0a12 7ff −123

5. 以下正确的叙述是（ ）。

A. 在 C 程序中，每行中只能写一条语句

B. 若 a 是实型变量，C 程序中允许赋值 a=10，因此实型变量中允许存放整型数

C. 在 C 程序中，无论是整数还是实数，都能被准确无误地表示

D. 在 C 程序中，%（求余数运算符）是只能用于整数运算的运算符

6. 下面四个选项中，均是合法的浮点数的选项是（ ）。

A. +1e+1 5e−9.4 03e2　　B. 60 12e−4 −8e5

C. 123e 1.2e−.4 +2e−1　　D. −e3 .8e−4 5.e−0

7. 已知各变量的类型说明如下：

int k, a, b, w=5; float x=1.42;

则以下不符合 C 语言语法的表达式是（ ）。

A. x% (−3)　　B. w+=−2

C. k= (a=2, b=3, a+b)　　D. a+=a−= (b=4) * (a=3)

8. 以下不正确的叙述是（ ）。

A. 在 C 程序中，逗号运算符的优先级最低

B. 在 C 程序中，APH 和 aph 是两个不同的变量

C. 若 a 和 b 类型相同，在计算了赋值表达式 a=b 后 b 中的值将放入 a 中，而 b 中的值不变

D. 当从键盘输入数据时，对于整型变量只能输入整型数值，对于实型变量只能输入实型数值

9. sizeof (double) 是（　）。

A. 一种函数调用　　B. 一个双精度型表达式

C. 一个整型表达式　　D. 一个不合法的表达式

10. 若有定义：int a=8, b=5, c;

执行语句 c=a/b+0.4; 后，c 的值为（　）。

A. 1.4　　B. 1

C. 2.0　　D. 2

11. 若变量 a 是 char 类型，并执行了语句：a='A'+1.6;

则正确的叙述是（　）。

A. a 的值是字符 C

B. a 的值是浮点型

C. 不允许字符型和浮点型相加

D. a 的值是字符 'A' 的 ASCII 值加上 1

12. 在 C 语言中合法的长整型常数是（　）。

A. 0L　　B. 4962710

C. 324562&　　D. 216D

13. 以下选项中合法的字符常量是（　）。

A."B"　　B. '\010'

C. 68　　D. D

14. 设 a、b、c、d、m、n 均为 int 型变量，且 a=5、b=6、c=7、d=8、m=2、n=2，则逻辑表达式 (m=a>b) && (n=c>d) 运算后，n 的值为（　）。

A. 0　　B. 1

C. 2　　D. 3

15. putchar 函数可以向终端输出一个（　）。

A. 整型变量表达式　　B. 实型变量值

C. 字符串　　D. 字符或字符型变量值

16. printf 函数中用到格式符 %5s，其中数字 5 表示输出的字符串占用 5 列。如果字符串长度大于 5，则输出按方式（　）；如果字符串长度小于 5，则输出按方式（　）。

A. 从左起输出该字符串，右补空格

B. 按原字符长从左向右全部输出

C. 右对齐输出该字符串，左补空格

D. 输出错误信息

17. 阅读以下程序，当输入数据的形式为：25，13，10<CR>（注：<CR>表示回车），则正确的输出结果为（ ）。

```
main ()
{  int x, y, z;
   scanf ( "%d%d%d", &x, &y, &z) ;
   printf ( "x+y+z=%d\n", x+y+z) ;
}
```

A. x+y+z=48　　B. x+y+z=35

C. x+z=35　　D. 不确定值

18. 若下面程序的输入形式为：A△B△C（△表示空格），程序输出结果为（ ）。

```
main ()
{  char ch1, ch2, ch3;
   scanf ( "%c%c%c", &ch1, &ch2, &ch3) ;
   printf ( "%c%c%c", ch1, ch2, ch3) ;
}
```

A. A△BC　　B. ABC

C. A△B　　D. AB△C

19. 已知 ch 是字符型变量，下面不正确的赋值语句是（ ）。

A. ch= 'a+b';　　B. ch='\0';

C. ch='7'+'9';　　D. ch=5+9;

20. 设有语句 char a='\72'; 则变量 a （ ）。

A. 包含 1 个字符　　B. 包含 2 个字符　　C. 包含 3 个字符　　D. 说明不合法

21. 执行下面程序中的输出语句，a 的值是（ ）。

```
main ()
{  int a;
   printf ("%d\n", (a=3*5, a*4, a+5)) ;
}
```

A. 65　　B. 20

C. 15　　D. 10

22. 设有语句 int a=3; 则执行了语句 a+=a−=a*a; 后，变量 a 的值是（ ）。

A. 3　　B. 0

C. 9　　D. −12

23. 下列关于单目运算符 ++、-- 的叙述中正确的是（　）。

A. 它们的运算对象可以是任何变量和常量

B. 它们的运算对象可以是 char 型变量和 int 型变量，但不能是 float 型变量

C. 它们的运算对象可以是 int 型变量，但不能是 double 型变量和 float 型变量

D. 它们的运算对象可以是 char 型变量、int 型变量和 float 型变量

24. 在 C 语言中，如果下面的变量都是 int 类型，则输出结果是（　）。

```
sum=pad=5; pad=sum++, pad++, ++pad;
printf ("%d\n", pad) ;
```

A. 7　　B. 6

C. 5　　D. 4

25. 以下程序的输出结果是（　）。

```
# include <stdio.h>
main ()
{  int i=010,  j = 10;
   printf ("%d, %d\n", ++i,  j--) ;
}
```

A. 11, 10　　B. 9, 10

C. 010, 9　　D. 10, 9

26. 已知在 ASCII 码中，字母 A 的序号为 65，以下程序的输出的结果是（　）。

```
# include <stdio.h>
main ()
{  char c1='A', c2='Y';
   printf ("%d, %d\n", c1, c2) ;
}
```

A. 因输出格式不合法，输出错误信息　　B. 65, 90

C. A, Y　　D. 65, 89

27. 以下程序的输出结果是（　）。

```
#include <stdio.h>
#include <math.h>
main ()
{  int a=1, b=4, c=2;
   float x=10.5,  y=4.0,  z;
   z= (a+b) /c+sqrt ( (double) y) *1.2/c+x;
```

```
    printf ("%f\n", z) ;
}
```

A. 14.000000　　B. 015.400000

C. 13.700000　　D. 14.900000

28. 以下程序的输出结果是（　）。

```
#include <stdio.h>
main ()
{  int a=2, c=5;
   printf ("a=%%d, b=%%d\n", a, c) ;
}
```

A. a=%2, b=%5　　B. a=2, b=5

C. a=%%d, b=%%d　　D. a=%d, b=%d

29. 以下程序的输出结果是（　）。

```
#include<stdio.h>
main ()
{  int a, b, d=241;
   a=d/100%9;
   b= (-1) && (-1) ;
   printf ("%d, %d\n", a, b) ;
}
```

A. 6, 1　　B. 2, 1

C. 6, 0　　D. 2, 0

30. 已知字母 A 的 ASCII 码为十进制的 65，下面程序的输出是（　）。

```
main ()
{  char ch1, ch2;
   ch1='A'+'5'-'3';
   ch2='A'+'6'-'3';
   printf ("%d, %c\n", ch1, ch2) ;
}
```

A. 67, D　　B. B, C

C. C, D　　D. 不确定的值

31. 对如下定义和输入语句，若使 a1, a2, c1, c2 的值分别为 10, 20, A, B，正确的数据输入方式是（注：⊔表示空格，<CR> 表示回车，下同）（　）。

int a1, a2; char c1, c2;

scanf (" %d%c%d%c ", &a1, &c1, &a2, &c2) ;

A. 10A ⊔ 20B<CR>　　B. 10 ⊔ A ⊔ 20 ⊔ B<CR>

C. 10A20B　　D. 10A20 ⊔ B

32. 由给出的数据输入和输出形式，程序中输入输出语句的正确内容是（　）。

```
main ( )
{ int x; float y;
  printf (" enter x, y: ") ;
  输入语句 ;
  输出语句 ;
}
```

输入形式　enter x, y: 2 3.4

输出形式　x+y=5.40

A. scanf (" %d, %f ", &x, &y) ;
printf (" \nx+y=%4.2f ", x+y) ;

B. scanf (" %d%f ", &x, &y) ;
printf (" \nx+y=%4.2f ", x+y) ;

C. scanf (" %d%f ", &x, &y) ;
printf (" \nx+y=%6.1f ", x+y) ;

D. scanf (" %d%3.1f ", &x, &y) ;
printf (" \nx+y=%4.2f ", x+y) ;

二、填空题

1. 在 C 语言中，实型变量可以分为______型、______型。

2. 在 C 语言中，表示一个实数的两种形式为______和______。

3. C 语言的运算符可分为以下几类：_____运算符、关系运算符、_____运算符、赋值运算符、_____运算符、逗号运算符等。

4. 已知整型变量 a=6，b=7，c=1 写出下面各表达式的值。

a+3，a+5　________________

a=a+3，a+5　________________

(b−a*3) /5　________________

b/ (a+1)　________________

3.2* (a+b+c)　________________

a/b　________________

a%b　________________

a+3>=a+5　________________

a=a+3<a+5　________________

a++, a　　　　＿＿＿＿＿＿＿＿

++a, a　　　　＿＿＿＿＿＿＿＿

1/2.0　　　　＿＿＿＿＿＿＿＿

(int) 1.0/2　　　　＿＿＿＿＿＿＿＿

5. 当 a=3，b=4，c=5 时，写出下列各式的值。

a<b 的值为____，a<=b 的值为____，a==c 的值为____，a!=c 的值为____，a&&b 的值为____，!a&&b 的值为____，a||c 的值为____，!a||c 的值为____。

6. 假定 w、x、y、z、m 均为 int 型变量，有如下程序段：

```
w=1; x=2; y=3; z=4;
m= (w<x) ?w : x;
m= (m<y) ?m : y;
m= (m<z) ?m : z;
```

则该程序运行后，m 的值是____。

7. 以下的输出结果是____。

```
main ()
{ short i;
  i=-1;
  printf ("\ni:dec=%d, oct=%o, hex=%x, unsigned=%u\n", i, i, i, i) ;
}
```

8. 以下的输出结果是____。

```
main ()
{   char c= 'x';
     printf ("c:dec=%d, oct=%o, hex=%x, ASCII=%c\n", c, c, c, c) ;
}
```

9. 以下的输出结果是____。

```
main ()
{  int x=1, y=2;
   printf ("x=%d y=%d * sum * =%d\n", x, y, x+y) ;
   printf ("10 Squared is : %d\n", 10*10) ;
}
```

10. 假设变量 a 和 b 均为整型，以下语句可以不借助任何变量把 a、b 中的值进行交换。请填空。

a+=____;　　　　b=a-____;　　　　a-=____;

11. 若 x 为 int 型变量，则执行以下语句后的 x 值为____。

x=7; x+=x−=x+x;

三、编程题

1. 用 * 号输出字母 C 的图案。
2. 从键盘输入“very good!”，并输出。

项目二

将学生成绩转换为等级

学习情境

计算机应用技术班进行了一次考试，需要设计一个程序，实现下列功能：

1. 输入学生成绩并判断其合法性；

2. 将学生成绩转换为等级：90～100分为A级；80～89分为B级；70～79分为C级；60～69分为D级；60分以下为E级。

学习目标

了解C语言选择结构的基本语法构成；

掌握关系表达式及逻辑表达式的求值方法；

掌握选择结构程序的执行流程。

任务1　输入学生成绩判断合法性

知识目标	学会选择结构程序执行过程 学会关系表达式及逻辑表达式的求值方法
能力目标	If语句、if…else语句结构 调试运行选择结构程序
素质目标	培养学生分析问题解决问题能力 培养学生自我学习的能力
重点内容	If语句、if…else语句结构、if语句嵌套
难点内容	if语句嵌套语法及执行过程

2.1.1 任务描述

计算机应用技术班进行了一次考试，要求设计一个程序，实现下列功能：

（1）新建一个文件 p2_1.c；

（2）输入学生成绩并判断其合法性。

2.1.2 任务实现

```
#include <stdio.h>
main ()
{
  int score;    /* 定义整型变量 score*/
  printf ("please input score: ") ; /* 输出提示字符串 */
  scanf ("%d", &score) ;            /* 从键盘接受值送给变量 score*/
  if (score>=0&&score<=100)         /* 判断成绩是否在 0 ~ 100*/
     printf ("right") ;             /* 输出提示字符串 "right"*/
  else  printf ("error") ;          /* 输出提示字符串 "error"*/
  getch () ;
}
```

程序执行结果如图 2.1 所示。

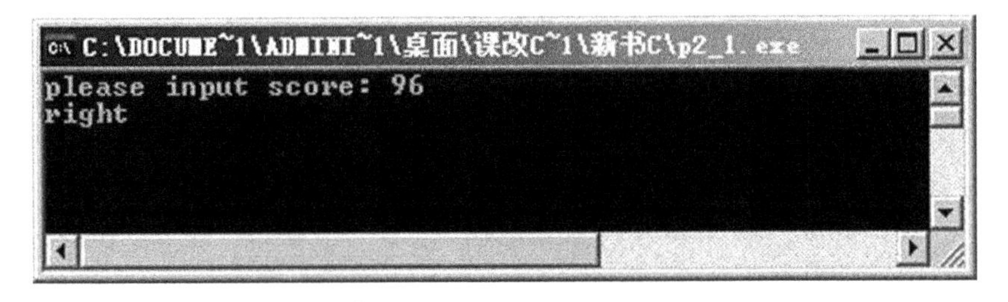

图 2.1　任务 1 执行结果

2.1.3 任务分析

该段程序要求输入学生成绩，根据输入的成绩判断其合法性，百分制的学生成绩 0 ~ 100 是正确的，小于 0 分或者大于 100 分都是错误的。

2.1.4 知识链接

选择结构是结构化程序设计的 3 种基本结构之一。它是判断所给定的条件是否满足，根据判定的结果（真或假）决定执行哪一部分操作。

（1）关系运算符和关系表达式

在程序中经常需要比较两个量的大小关系，根据比较结果决定程序下一步的工作。

1）关系运算符

关系运算实际上是比较运算，表示两个运算分量之间的大小关系，如大于、小于等。关系运算是对两个运算量的数值进行比较的过程。关系运算符是双目运算符，C 语言提供了六种关系运算符，它们是：

＞　　大于

＞＝　　大于等于

＜　　小于

＜＝　　小于等于

＝＝　　等于

!＝　　不等于

说明：

①其中前四种关系运算符（＜，＜＝，＞，＞＝）的优先级别相同，后两种运算符的优先级也相同，但前四种的优先级高于后两种。例如：“＞”优于“==”，而“＞”与“＜”优先级别相同。

②关系运算符的优先级低于算术运算符。

③关系运算符都是左结合性，即从左至右。

2）关系表达式

用关系运算符将两个表达式（可以是算术表达式、关系表达式、逻辑表达式、赋值表达式、运算数等）连接起来的式子称之为关系表达式。例如下面都是合法的关系表达式：3>1，1+b>3−c，(a=3) > (b=5>3)，'a'<'b'，(a>b) > (b<c) 。

关系表达式的值是一个逻辑值，逻辑值只有两个，即“真”或“假”。以“1”代表“真”，以“0”代表“假”。

若关系表达式表示的关系成立，则它的结果值为“1”；否则为“0”。例如：

a==b　a 等于 b 时，关系表达式成立，其值为“1”；a 不等于 b 时，关系表达式不成立，其值为“0”。

x!=y　x 不等于 y 时，关系表达式成立，其值为“1”；否则，x 等于 y 时，关系表达式不成立，其值为“0”。

关系表达式常用于流程控制中作分支或者循环的条件，关系运算符的结合方向为自左至右。

(2) 逻辑运算符和逻辑表达式

1) 逻辑运算符

C 语言中提供了 3 种逻辑运算符，分别是：

&& 逻辑与（相当其他语言中的 AND，只有在两条件同时成立时为“真”）

|| 逻辑或（相当其他语言中的 OR，两个条件只要有一个成立时即为“真”）

! 逻辑非（其他语言中的 NOT，条件为真，运算后为假，条件为假，运算后为真）

“&&”，“||”是双目运算符，“！”是单目运算符。

“真”或“假”，分别用“1”和“0”表示。

逻辑运算符中，！的优先级最高，其次是 & &，|| 的优先级最低。另外 & & 和 || 的优先级低于关系运算符，！的优先级高于算术运算符的优先级。

2) 逻辑表达式

逻辑表达式是用逻辑运算符将算术表达式、关系表达式或逻辑量连接起来的式子。

注意：C语言编译系统在给出逻辑运算结果时，以数值1代表“真”，以0代表“假”，但在判断一个量是否为“真”时，以0代表“假”，以非0代表“真”。即将一个非零的数值认作为“真”。例如：

若 a=4，则 !a 的值为 0。因为 a 的值为非 0，被认作“真”，对它进行“非”运算，得“假”，“假”以 0 代表。

若 a=4，b=5，则 a&&b 的值为 1。因为 a 和 b 均为非 0，被认为是“真”，因此 a&&b 的值也为“真”，值为 1。

如果在一个表达式中不同位置上出现数值，应区分哪些是作为数值运算或关系运算，哪些作为逻辑运算对象。

实际上，逻辑运算符两侧的运算对象不但可以是 0 和 1，或者是 0 和非 0 的整数，也可以是任何类型的数据。可以是字符型、实型或指针型等。系统最终以非 0 和 0 来判断它们属于“真”或“假”。例如：

'c'&&'d' 的值为 1（因为 'c' 和 'd' 的 ASCII 码值都不为 0，按“真”处理）。

表 2.1　逻辑运算的真值表

a	b	!a	!b	a&&b	a||b
真	真	假	假	真	真
真	假	假	真	假	真

续表

a	b	!a	!b	a&&b	a‖b
假	真	真	假	假	真
假	假	真	真	假	假

C 语言中用来实现选择结构的语句有两个：一个是二路分支的 if 语句，另一个是用于实现多路分支的 switch 语句。

(3) 简单的 if 语句

1）语句形式

if（表达式）语句；

不带 else 的 if 语句，是 if 语句的基本形式。

2）执行过程

如果表达式的值为真，则执行其后的语句，否则不执行该语句，顺序向下执行程序。执行过程的流程图如图 2.2 所示。

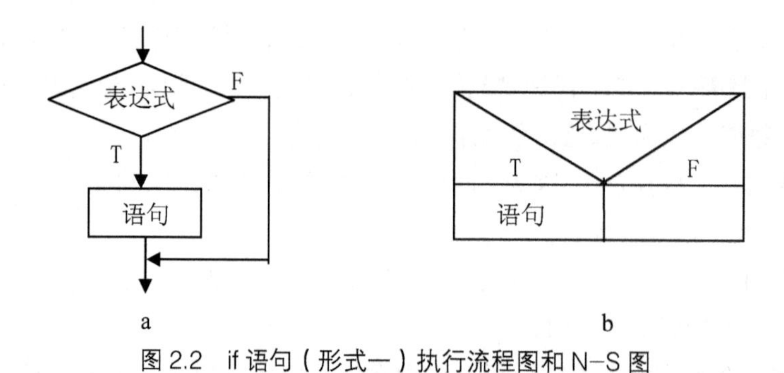

图 2.2　if 语句（形式一）执行流程图和 N-S 图

例 2.1　输入两个整数，比较大小，输出其中的大者。

```
main ()
{ int x, y ;
   printf ("Please input two numbers: ") ;
   scanf ("%d%d", &x, &y) ;
  if (x>=y)  printf ("max=%d", x) ;
  if (x<y)   printf ("max=%d", y) ;
  getch () ;
}
```

运行结果如图 2.3 所示。

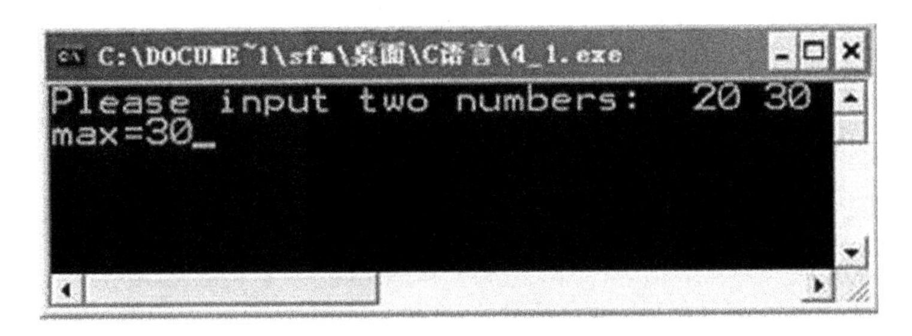

图 2.3　例 2.1 运行结果图

（4）if…else 语句

1）语句形式

if（表达式） 语句 1;

else　语句 2;

2）执行过程

如果表达式的值为真，执行语句 1，如果表达式的值为假，则执行语句 2。执行过程的流程图如图 2.4 所示。

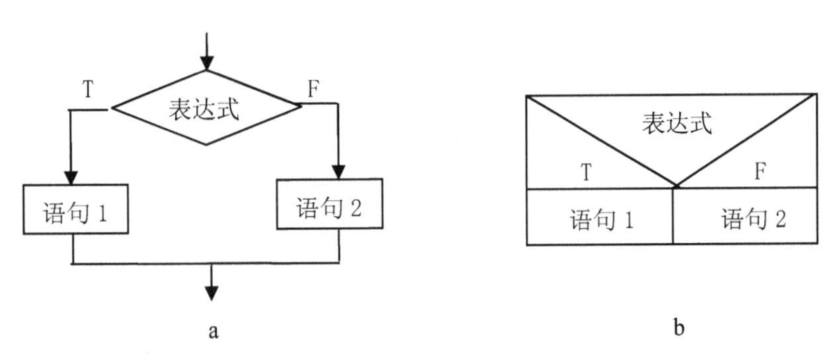

图 2.4　if 语句（形式二）执行流程图和 N-S 图

例 2.2　对例 2.1 用 if…else 结构完成。

```
main ()
{
  int  x, y ;
  printf ("Please input two numbers:  ") ;
  scanf ("%d%d", &x, &y) ;
  if (x>=y)  printf ("max=%d",  x) ;
```

```
    else  printf ("max=%d", y) ;
    getch () ;
}
```

运行结果同图 2.3。

(5) 复杂的 if…else 语句

1) 语句形式

```
if ( 表达式 1 )          语句 1;
else  if ( 表达式 2 )    语句 2;
else  if ( 表达式 3 )    语句 3;
……
else  if ( 表达式 m )    语句 m;
else                     语句 n;
```

2) 执行过程

依次求 if 后表达式的值，如果某个表达式为真，则执行其后的语句，并跳过其后的所有语句；如果没有一个表达式的值为真，则执行最后一个 else 后的语句 n。执行过程的流程图如图 2.5 所示。

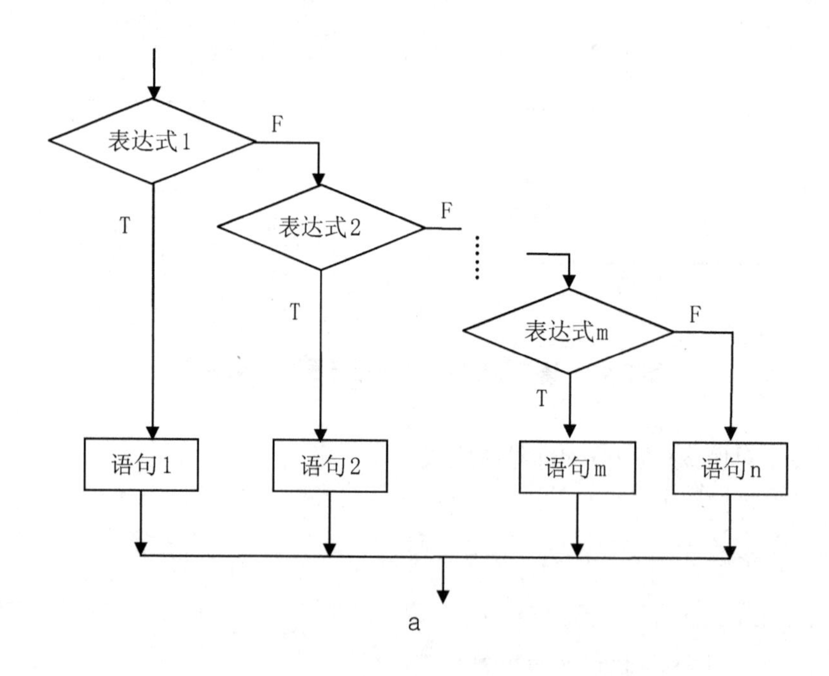

a

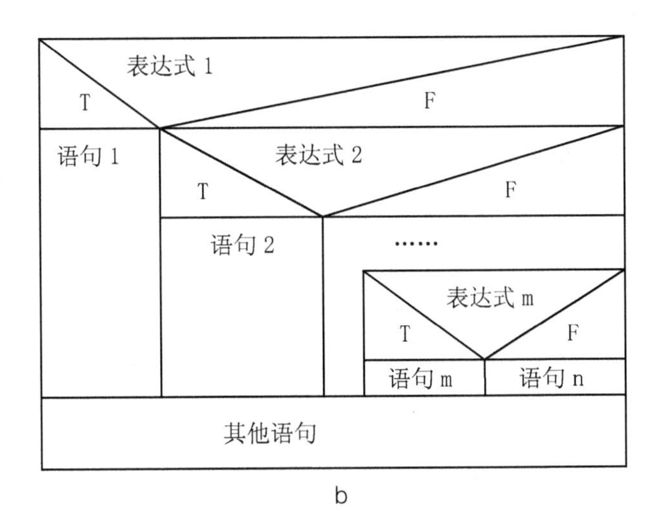

b

图 2.5　if 语句（形式三）执行流程图和 N-S 图

例 2.3　输入学生的成绩，判断学生考试成绩属于哪个档次（A 优、B 良、C 中、D 及格、E 不及格）。

分析：如果用 score 代表学生成绩，只需分别给出属于优、良、中、及格、不及格的成绩范围，判断 score 在哪一个成绩段内，然后再输出该成绩段属于哪个档次即可。

根据输入的百分制成绩来判定学生成绩的等级，其判定标准为：90 以上为优；80 至 89 为良好；70 至 79 为中；60 至 69 为及格；60 分以下为不及格，分别用 A、B、C、D、E 表示。

算法描述如下：

第一步：输入学生成绩 score

第二步：判断 score 的值

第三步：如果 $90 \leq score$，输出“A”；

如果 $80 \leq score \leq 89$，输出“B”；

如果 $70 \leq score \leq 79$，输出“C”；

如果 $60 \leq score \leq 69$，输出“D”；

如果 $score<60$，输出“E”；

程序如下：

```
main ()
{ int  score;
  printf ("Please input score:") ;
```

```
    scanf ("%d", &score) ;
    if (score>=90)   printf ("A\n") ;
    else if (score>=80)  printf ("B\n") ;
    else if (score>=70)  printf ("C\n") ;
    else if (score>=60)  printf ("D\n") ;
    else  printf ("E\n") ;
    getch () ;
}
```

运行结果如图 2.6 所示。

图 2.6　例 2.3 运行结果图

3）If 语句的使用说明

① if 语句中的“表达式”一般为逻辑表达式或关系表达式，且表达式应用圆括号括起来。

②在进行 if 后面表达式值的判断时，只要“表达式”的值为非 0 值，就表示条件成立，即值为真。例如：

```
if(a=5)  /* 注意这里 a=5 是赋值表达式，因此 a 的值不为 0，判断结果为真 */
    printf("a1=%d", a);
else
    printf("a2=%d", a);
```

该程序段的运行结果为：a1=5

③形式 2 和形式 3 中，每一个 else 前面都要有一个分号，整个语句结束处有一个分号。

④ if 和 else 后面的执行语句，可以只含一条语句，也可以是复合语句。

例如：交换两个变量

```
 if (a>b)
```

{ t=a; a=b; b=t; } /* 此处为三个赋值语句，因此需用 {} 括起来成为一个复合语句 */

printf ("a=%d, b=%d\n", a, b) ;

⑤ if 语句后不一定有 else，但 else 一定有配对的 if。

⑥ if (x) 等价于 if (x!=0)

if (!x) 等价于 if (x= =0)

(6) if 语句的嵌套

在 if 语句中又包含一个或多个 if 语句称为 if 语句的嵌套。

一般形式如下：

```
if (    )
  if (    )          语句 1 ;     ] 内嵌 if
  else               语句 2 ;     ]
else
  if (    )          语句 3;      ] 内嵌 if
  else               语句 4;      ]
```

应当注意 if 与 else 的配对关系。对于 if 语句的嵌套结构，C 语言规定，else 总是与它前面最近的未配对的 if 配对。

例如：
```
if (x>=1)
    if (x>5)  x++;
    else    x--;
```

在这段程序中，else 虽然与第一个 if 对齐，但是按照上述原则应该与离它最近的 if (x>5) 配对，即表示 $x \geqslant 1$ 且 $x \leqslant 5$ 成立时的情况（初学者在学写 C 语言程序时，应养成良好的写程序习惯，要有层次感，同一层的要列对齐，而且要比上一层右进几个字符，便于程序阅读，以免引起误会）。

如果 if 与 else 的数目不一样，为清楚起见，可以加花括号来确定配对关系。如上例中要实现 else 与第一个 if 配对，表示 x<1 的情况，可做如下修改：

```
if (x>=1)
  { if (x>5)  x++; }
else  x--;
```

例 2.4　编写程序，实现任意输入一个 x 的值，输出对应的 y 值。

$$y=\begin{cases}1 & (x>0)\\ 0 & (x=0)\\ -1 & (x<0)\end{cases}$$

分析：根据输入的 x 值，对 x 进行判断，x 的值有三种可能：

① 如果 x>0，则 y=1；

② 如果 x==0，则 y=0；

③ 如果 x<0，则 y= −1。

图 2.7 给出了算法描述。

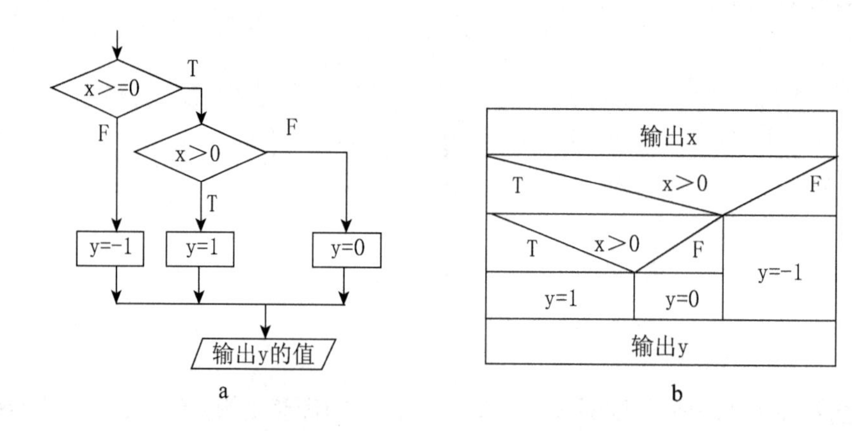

图 2.7　算法描述传统流程图和 N-S 图

程序如下：

```
main ()
{ float x;
  int  y;
  printf ("Please input x:") ;
  scanf ("%f", &x) ;
  if (x>=0)
     if (x>0)  y=1;
     else   y=0;
  else  y=-1;
  printf ("y=%d\n", y) ;
  getch () ;
}
```

运行结果如图 2.8 所示。

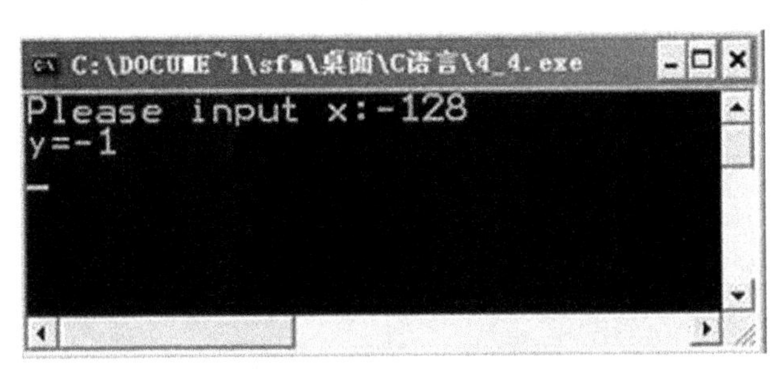

图 2.8　例 2.4 运行结果图

（7）条件表达式

条件运算符要求有三个操作对象，称三目（元）运算符（? ：），它是 C 语言中唯一的一个三目运算符。在 if 语句中，有时不管条件是否成立，都要给同一个变量赋值，此时，可以使用条件表达式。

条件表达式的一般式为：

表达式 1? 表达式 2 : 表达式 3

条件表达式的执行过程为：先求“表达式 1”的值，若为非 0 值（即逻辑真），则整个表达式的值为“表达式 2”的值；否则，整个表达式的值为“表达式 3”的值，如图 2.9 所示。

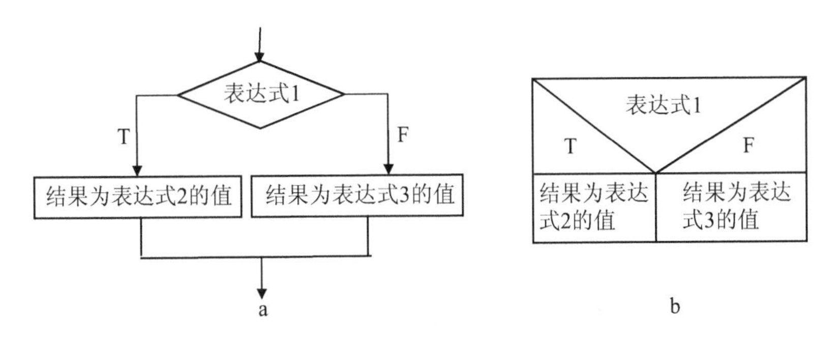

图 2.9　条件表达执行传统流程图和 N–S 图

例如：max=（a>b）? a:b; 与之等价的 if 语句是：

```
if (a>b)  max=a;
else  max=b;
```

例2.5　输入一个字符，将小写字母转换为大写字母，其他字符不转换，最后输出。

分析：根据大写字母的 ASCII 码值比相应小写字母的 ASCII 码值小 32 这一规律，可以很方便地将小写字母转化为大写字母。

程序如下：

```
main ()
{ char ch;
  printf ("Please input a letter:") ;
  scanf ("%c", &ch) ;
  ch= (ch>='a'&&ch<='z' ) ? (ch−32 ) : ch;
  printf ("%c", ch) ;
  getch () ;
}
```

运行结果如图 2.10 所示。

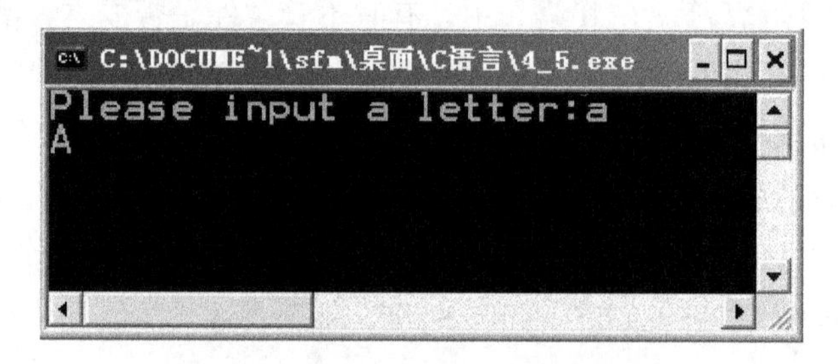

图 2.10　例 2.5 运行结果图

虽然依据运算符的优先次序，表达式 ch= (ch>='a'&&ch<='z') ? (ch −32) : ch; 中的两个括号都可以省去，但是有括号使程序看上去更加清晰一些。

任务 2　将学生成绩转化为等级

知识目标	学会 switch 语句结构及执行过程
能力目标	学会使用 switch 语句实现多分支选择结构程序设计 调试运行多分支选择结构程序
素质目标	培养学生分析问题解决问题能力 培养学生自我学习的能力
重点内容	switch 语句结构
难点内容	switch 语句语法及执行过程

2.2.1 任务描述

计算机应用技术班进行了一次考试，要求设计一个程序，实现下列功能：

(1) 新建一个文件 p2_2.c；

(2) 输入学生的成绩，判断学生考试成绩属于哪个档次（A 优、B 良、C 中、D 及格、E 不及格）。

2.2.2 任务实现

```
#include <math.h>
main ()
{  int  score;
   printf ( “Please input score: ” ) ;
   scanf ( “%d” , &score) ;
   switch (score/10)
   {
     case 10:
     case 9:  printf ( “A\n” ) ; break;
     case 8:  printf ( “B\n” ) ; break;
     case 7:  printf ( “C\n” ) ; break;
     case 6:  printf ( “D\n” ) ; break;
     default: printf ( “E\n” ) ;
   }
}
```

程序执行结果如图 2.11 所示。

图 2.11　任务 2 执行结果

2.2.3 任务分析

该段程序要求输入学生成绩，根据输入的成绩判断学生考试成绩属于哪个档次

（A 优、B 良、C 中、D 及格、E 不及格）。

根据输入的百分制成绩来判定学生成绩的等级，其判定标准为：90 以上为优；80 至 89 为良好；70 至 79 为中；60 至 69 为及格；60 分以下为不及格，分别用 A、B、C、D、E 表示。

算法描述如下：

第一步：输入学生成绩 score

第二步：计算成绩 score 的值属于哪一段 score/10

第三步：如果值是 10 或 9，输出“A”；

如果值是 8，输出“B”；

如果值是 7，输出“C”；

如果值是 6，输出“D”；

如果以上结果都不是，输出“E”。

2.2.4 知识链接

如果分支较多，嵌套的 if 语句可以解决，但层数增多，程序冗长，结构混乱，可读性降低。因此，C 语言提供了 switch 语句，它是多分支选择语句，每个分支可通过一个常量表达式取不同的值来描述。

（1）语句格式

```
switch ( 表达式 )
{ case 常量表达式 1: 语句 1;
  case 常量表达式 2: 语句 2;
  …
  case 常量表达式 n: 语句 n;
  [default: 语句 n+1;]
}
```

（2）执行过程

先计算 switch 后表达式的值，然后将它逐个与 case 后的常量表达式进行比较，若某个 case 后面的常量表达式的值与 switch 后表达式的值相等，就执行该 case 后面所有的语句；若所有 case 后的常量表达式的值都不能与 switch 后表达式的值相匹配，此时若存在 default 分支，则执行它后面的语句，否则什么都不执行，switch 语句结束。

说明：

①各个 case、default 出现的位置顺序不受限制。

②每一个 case 后常量表达式的值必须互不相同，否则就会出现矛盾。

③ switch 括号后面的表达式，允许为任何类型，一般为整型。

④ switch 结构内的各个 case 及其后语句执行流程为顺序执行。因此，执行完一个 case 后面的语句后，流程控制转移到下一个 case 中的语句继续执行。此时，“case 常量表达式”只是起到语句标号的作用，并不在此处进行条件判断。

例如　用 switch 语句实现按成绩输出等级。

```
switch (cj/10)
 {
  case 10:
  case 9:  printf ( “A\n” ) ;
  case 8:  printf ( “B\n” ) ;
  case 7:  printf ( “C\n” ) ;
  case 6:  printf ( “D\n” ) ;
  default: printf ( “E\n” ) ;
 }
```

如果输入的成绩 cj 为 95 分，执行该段程序后，连续输出：

```
A
B
C
D
E
```

这个结果显然不是我们想要得到的，我们只是要求成绩为 95 分时，输出等级“A”即可，其他等级不要输出，这时就可以使用 break 语句使流程跳出 switch 结构，即终止 switch 语句的执行，但是在最后一个分支后可以不使用 break 语句。这样，完整而合理的 switch 结构形式如下：

```
switch ( 表达式 )
{ case 常量表达式 1: 语句 1;break;
  case 常量表达式 2: 语句 2;break;
  …
  case 常量表达式 n: 语句 n;break;
  [default:  语句 n+1;]
}
```

⑤ case 与其后的常量表达式之间要有空格间隔，并且 case 后不允许跟变量名，另外 case 后面如果有多条语句，可以不用 {} 括起来。

⑥多个 case 可以共用一组执行语句。

例 2.6 用 switch 语句改写例 2.3。

分析：例 2.3 是用 if 条件语句实现了根据输入的百分制成绩判定学生成绩等级的算法。现用 switch 语句编写程序如下：

```
#include <math.h>
main ()
{ int score;
  printf ( "Please input score: " ) ;
  scanf ( "%d" , &score) ;
  switch (score/10)
  {
    case 10:
    case 9: printf ( "A\n" ) ; break;
    case 8: printf ( "B\n" ) ; break;
    case 7: printf ( "C\n" ) ; break;
    case 6: printf ( "D\n" ) ; break;
    default: printf ( "E\n" ) ;
  }
}
```

程序运行后结果如图 2.12 所示。

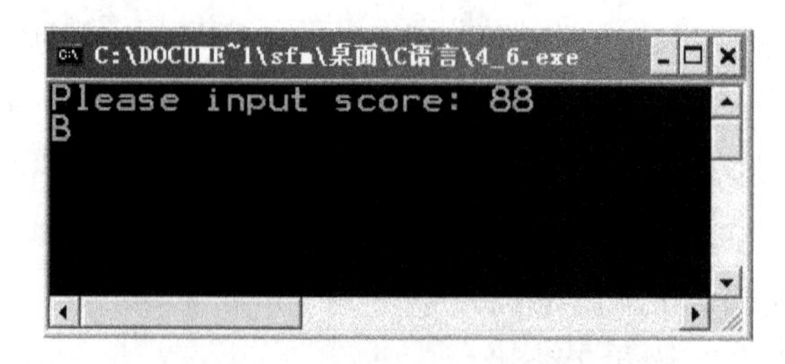

图 2.12　例 2.6 运行结果图

由于 case 后必须为常量表达式，不可有如下形式：

```
switch (score)
{case score>=90 && score<=100: printf (" A\n") ; break;
…
}
```

因此，程序中使用了 score/10，取十位数将百分制成绩分段。“case 10:” 和 “case 9:” 共用同一组语句，所以 “case 10:” 后面的语句省略了。

思考：如果成绩不是整数而是实数，程序该如何修改？

选择结构程序举例

例 2.7 火车托运行李，要根据行李的重量按不同标准收费，例如不超过 50 kg，按每公斤 0.5 元收费，若超过 50 kg，则其中 50 kg 按每公斤 0.5 元收费，超过部分按每公斤 0.6 元收费。要求根据托运行李的重量，计算输出托运费。

分析：要计算托运费，首先要输入行李的重量，根据重量按不同运费标准计算托运费。

程序如下：

```
main ()
{
  float weight, pay;
  printf ( " please input weight: " ) ;
  scanf ( "%f", &weight) ;
  if (weight<=50)   pay = weight*0.5;
  else  pay = 50*0.5 + (weight-50) *0.6;
  printf ( " pay = %f\n", pay) ;
  getch () ;
}
```

如果输入重量分别是 46 和 78.5，程序运行结果如图 2.13 所示。

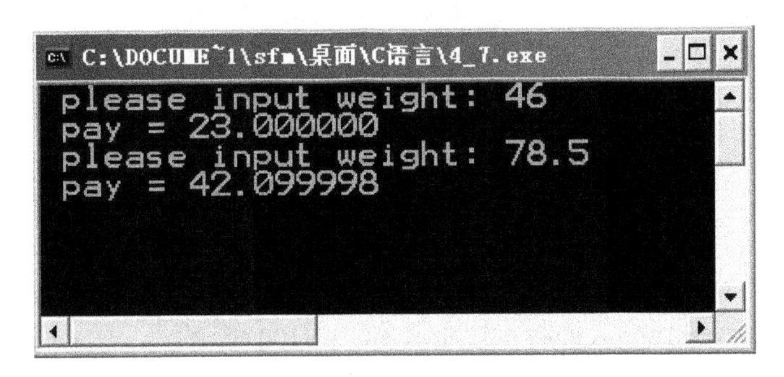

图 2.13　例 2.7 运行结果图

例 2.8 编写计算器程序，要求能够实现简单的算术运算。

分析：要实现计算器的功能，就是根据用户输入运算数和算术运算符，找出相应的公式完成计算，并输出计算结果。

程序如下：

```
main ()
{
  float a, b, s;
  char c;
  printf ("input expression: a+ (-, *, /) b \n") ;
  scanf ("%f%c%f", &a, &c, &b) ;
  switch (c)
  {  case '+': printf ("%.2f+%.2f=%.2f\n", a, b, a+b) ; break;
     case '-': printf ("%.2f-%.2f=%.2f\n", a, b, a-b) ; break;
     case '*': printf ("%.2f*%.2f=%.2f\n", a, b, a*b) ; break;
     case '/': printf ("%.2f/%.2f=%.2f\n", a, b, a/b) ; break;
     default: printf ("input error\n") ;
  }
getch () ;
}
```

程序运行结果如图 2.14 所示。

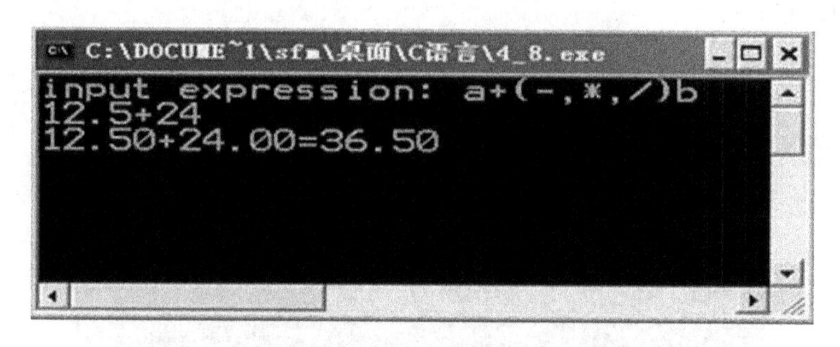

图 2.14 例 2.8 运行结果图

例 2.9 编写程序，从键盘上输入年份 year (4 位十进制数)，判断其是否为闰年。

分析：闰年的条件是：能被 4 整除但不能被 100 整除，或者能被 400 整除。

如果 X 能被 Y 整除，则余数为 0，即如果 X % Y 的值等于 0，则表示 X 能被 Y 整除，也就是说 X 是 Y 的倍数。

程序如下：

```
main ()
{ int year;
  printf ("Please input the year:") ;
  scanf ("%d", &year) ;
  if ( (year%4==0 && year%100!=0) || year%400==0 )
        printf ("%d is a leap year.\n", year) ;
  else   printf ("%d is not a leap year.\n", year) ;
  getch () ;
}
```

如果输入年份分别是 1996 和 2007，程序运行结果如图 2.15 所示。

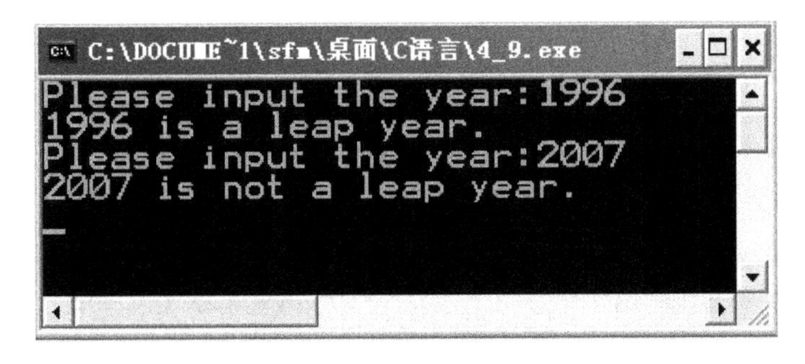

图 2.15　例 2.9 运行结果图

习题二

一、选择题

1. 逻辑运算符两侧运算对象是（　）。

   A. 只能是 0 和 1　　B. 只能是 0 或非 0 正数

   C. 只能是整型或字符型数据　　D. 可以是任何类型的数据

2. 判断 char 型变量 ch 是否为大写字母的正确表达式是（　）。

   A.'A'<=ch<='Z'　　B. (ch>='A') & (ch<='Z')

   C. (ch>= 'A') && (ch<='Z')　　D. ('A'<= ch) AND ('Z'>= ch)

3. 若希望当 A 的值为奇数时，表达式的值为“真”，A 的值为偶数时，表达式的值为“假”。则以下不能满足要求的表达式是（　）。

A. A%2==1　　B. ! (A%2==0)

C. ! (A%2)　　D. A%2

4. 设有：int a=1, b=2, c=3, d=4, m=2, n=2; 执行 (m=a>B. && (n=c>D. 后 n 的值为（　）。

A. 1　　B. 2

C. 3　　D. 4

5. 以下程序的运行结果是（　）。

```
main ()
{  int a, b, d=241;
   a=d/100%9;
   b= (−1) && (−1) ;
   printf ("%d, %d", a, B. ;
}
```

A. 6, 1　　B. 2, 1

C. 6, 0　　D. 2, 0

6. 已知 int x=10, y=20, z=30; 以下语句执行后 x, y, z 的值是（　）。

```
if (x>y) z=x; x=y; y=z;
```

A. x=10, y=20, z=30　　B. x=20, y=30, z=30

C. x=20, y=30, z=10　　D. x=20, y=30, z=20

7. 以下程序的运行结果是（　）。

```
main ()
{  int m=5;
   if (m++>5)  printf ("%d\n", m) ;
   else ;
   printf ("%d\n", m−−) ;
}
```

A. 4　　B. 5

C. 6　　D. 7

8. 若运行时给变量 x 输入 12，则以下程序的运行结果是（　）。

```
main ()
{ int x, y;
  scanf ("%d", &x) ;
  y=x>12 ? x+10 : x−12;
  printf ("%d\n", y) ;
```

}

A. 0　　　　B. 22

C. 2　　　　D. 1

9. 以下关于运算符优先顺序的描述中正确的是(逻辑运算符不包括“！”)(　)。

A. 关系运算符 < 算术运算符 < 赋值运算符 < 逻辑运算符

B. 逻辑运算符 < 关系运算符 < 算术运算符 < 赋值运算符

C. 赋值运算符 < 逻辑运算符 < 关系运算符 < 算术运算符

D. 算术运算符 < 关系运算符 < 赋值运算符 < 逻辑运算符

10. 语句 while (!E) ; 中的条件 !E 等价于（ ）。

A. E = = 0　　　　B. E!=1

C. E!=0　　　　D. ~ E

11. 与 y= (x>0?1:x<0?−1:0) ; 的功能相同的 if 语句是（　）。

A. if (x>0) y=1;
　else if (x<0) y=−1;
　else y=0;

B. if (x)
　if (x>0) y=1;
　else if (x<0) y=−1;

C. y=−1
　if (x)
　if (x>0) y=1;
　else if (x==0) y=0;
　else y=−1;

D. y=0;
　if (x>=0)
　if (x>0) y=1;
　else y=−1;

12. 对下面三条语句（其中 s1 和 s2 为内嵌语句），正确的论断是（　）。

（1） if (A. s1;else s2;　　　　（2） if (a= =0) s2;else s1;

（3） if (a!=0) s1;else s2;

A. 三者相互等价　　　　B. （1）和（2）等价，但与（3）不等价

C. 三者互不等价　　　　D. （1）和（3）等价，但与（2）不等价

13. 若 x，y，z 的初值均为 1，则执行表达式 w =++x || ++ y && ++ z 后，x，y，z 的值分别为( )。

A. x=1, y=1, z=2　　　　B. x=2, y=2, z=2

C. x=1, y=2, z=1　　　　D. x=2, y=1, z=1

14. 下面程序的输出是( )。

A. −1　　　　B. 0

C. 1　　　　D. 不确定的值

```
main ()
{ int x=100, a=10, b=20, ok1=5, ok2=0;
```

```
    if (a<b)
    if (b!=15)
    if (! ok1)
    x=1;
    else
    if (ok2)  x=10;
    x=-1;
    printf ("%d\n", x) ;
  }
```

二、编程题

1. 编程实现：输入整数 a 和 b，若 a+b 大于 100，则输出 a+b 百位以上的数字，否则输出两数之和。

2. 编程判断输入的正整数是否既是 5 又是 7 的整倍数。若是，则输出 yes；否则输出 no。

3. 分别用 switch 和 if 语句编程实现：

$$y=\begin{cases}-1 & (x<0)\\ 0 & (x=0)\\ 1 & (x>0)\end{cases}$$

4. 输入某年某月某日，判断这一天是这一年的第几天？

5. 输入三个整数 x、y、z，请把这三个数由小到大输出。

项目三

基于循环结构实现学生成绩统计

学习情境

计算机应用技术班30人进行期末考试，共考四门课程，需要设计一个程序，实现下列功能：

1. 按指定格式输入输出全班成绩；
2. 计算全班一门课程的总成绩及平均成绩；
3. 计算全班四门课程的总成绩及平均成绩。

学习目标

了解C语言循环结构程序设计的基本结构；
掌握C程序三种循环的特点与区别；
掌握C语句循环结构的三要素。

任务1 统计全班一门课的总成绩及平均成绩

知识目标	While 循环、do-while 循环、for 循环语法及执行过程 各种循环语句的区别
能力目标	利用循环语句解决实际问题 While 循环与 for 循环的互换
素质目标	培养学生对新事物的接受能力 培养学生自我学习的能力
重点内容	循环语句应用及执行过程
难点内容	循环三要素

3.1.1 任务描述

计算机应用技术班 30 人进行期末考试，设计一个程序，实现下列功能：

（1）新建一个文件 p3_1.c；

（2）按指定格式输入全班同学 C 语言课程的成绩；

（3）计算全班同学的总成绩及平均成绩。

3.1.2 任务实现

```
#include <stdio.h>
main ()
{
   int  i, score;        /* 定义 2 个整型变量 i 和 score*/
   float  total=0, ave;  /* 定义 2 个实型变量 total 和 ave*/
   printf ( “please input 30 grades:” ) ; /* 输出提示字符串 */
   for (i=1; i<=30; i++)
   {  scanf ( “%d” , &score) ;  /* 循环语句从键盘接受 30 个值 */
      total= total+score;   /* 计算总成绩 */
   }
   ave=total/30.0;          /* 计算平均成绩 */
   printf ( “total score and average score:” ) ;     /* 输出提示字符串 */
   printf ( “total=%4.2f, ave=%4.2f\n” , total, ave) ; /* 输出总成绩和平均成绩 */
   getch () ;
}
```

程序执行结果如图 3.1 所示（为了调试简单，把 30 改为了 6）。

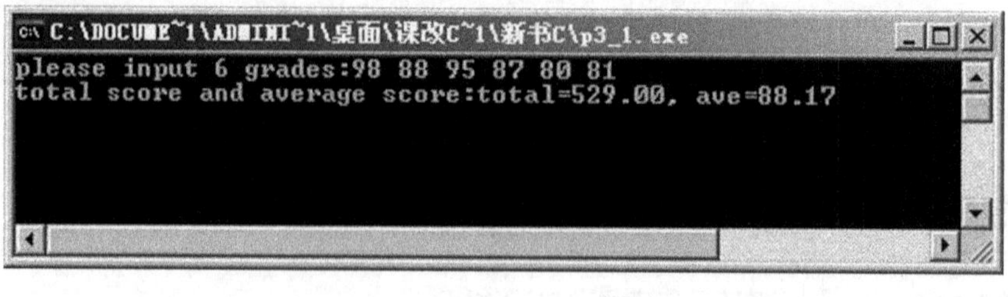

```
C:\DOCUME~1\ADMINI~1\桌面\课改C~1\新书C\p3_1.exe
please input 6 grades:98 88 95 87 80 81
total score and average score:total=529.00, ave=88.17
```

图 3.1　任务 1 执行结果

3.1.3 任务分析

这是一个利用循环语句实现求和的问题，所加的数是 30 个学生成绩，利用循环语句来解决值的输入和求和。在循环中使用一个变量 i 记录循环次数，每循环一次使 i 加 1，直到 i 的值超过 10。变量 total 放累加和。需注意的是变量 i 和 sum 的初始值分别为 1 和 0。

3.1.4 知识链接

许多问题的求解归结为重复执行某些操作，这就是循环，它可以把程序简化，方便阅读。

循环结构是结构化程序设计的基本结构之一，它和顺序结构、选择结构共同作为各种复杂程序的基本构造单元。熟练掌握循环结构的概念及使用是程序设计的最基本要求。

重复一般是有条件的，即在满足一定条件下才执行循环体（有条件地进入循环体），或者满足一定条件下就不再执行循环体（有条件地退出循环）。循环控制结构的功能就是决定在什么条件下进入或退出循环。

C 语言中提供了四种可以构成循环控制的语句，其中前三种是最基本的循环语句：

① while 语句。

② do–while 语句。

③ for 语句。

④用 goto 语句和标号语句。

（1）while 语句

while 语句用来实现当某个条件满足时，重复执行某些操作，因此也称为“当型”循环结构。

语句格式：

while（表达式）

**　循环体语句；**

执行过程：

①计算表达式的值，当条件为真时，执行步骤②，条件为假时，执行步骤④。

②执行循环体语句。

③转去执行步骤①。

④跳出 while 循环，继续执行循环体外的后续语句。

如图 3.2 所示。

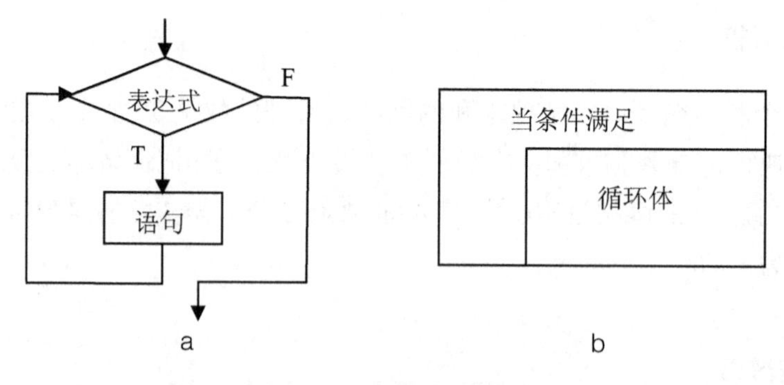

图 3.2　while 循环执行流程图和 N–S 图

说明：

① while 语句的特点是先判断后执行。如果表达式的值一开始就为“假”，那么循环体一次也不执行。

②当循环体为多个语句组成时，必须用 {} 括起来，构成复合语句。如果不加花括号，则 while 语句的循环体只有 while 后的第一条语句。

③循环体中要有影响循环条件变化的语句，否则就是死循环或一次也不执行循环体。

例 3.1　用 while 语句编程求 sum=1+2+…+100。

分析：这是一个多个数求和的问题，所加的数从 1 到 100，后一个数比前一个数增加 1，有规律地变化，可以用循环语句来解决。第一个加数为 1，最后一个加数为 100，因此可以在循环体中使用一个变量 i，每循环一次使 i 加 1，直到 i 的值超过 100。还应该有一个变量 sum 放累加和。需注意的是变量 i 和 sum 的初始值分别为 1 和 0。

根据计算过程，我们可以画出其执行流程图和 N–S 图如图 3.3 所示。

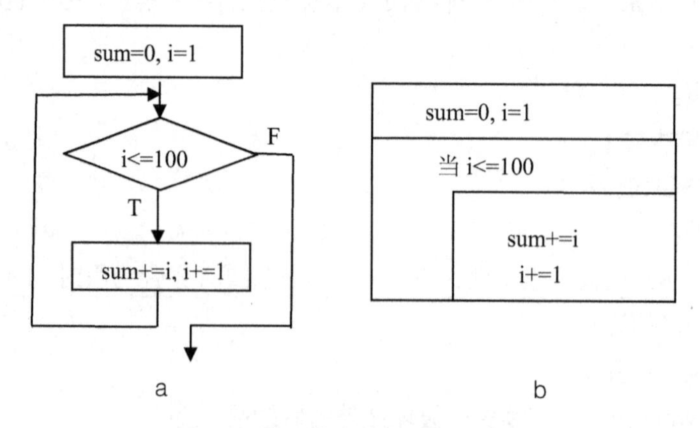

图 3.3　算法描述流程图和 N–S 图

程序如下：

```
main ()
{ int i=1, sum=0;     /* 初始化循环控制变量 i 和累计器 sum*/
  while (i<=100)      /* 条件判断，控制循环 */
  { sum += i;         /* 实现累加 */
    i++;              /* 循环控制变量 i 自增 1*/
  }
  printf ("sum=%d\n", sum) ;
  getch () ;
}
```

程序运行后的输出结果：

sum=5050

在程序的循环体中，循环控制变量 i 每次加 1，使表达式 i<=100 的值趋于为假。循环控制变量 i 和累加和 sum 的初值很重要，一般情况下，循环控制变量的初值为第一个加数值，累加和的初值为 0，累乘积的初值为 1。

在循环体中，语句的先后顺序必须符合逻辑，否则将影响运算结果，本例中若将循环体改写成：

```
while ( i<=100 )
{  i++;        /* 先计算 i 的值 */
   sum += i;   /* 后实现累加 */
}
```

运行后将输出：

sum=5150

运行过程中少了第一项的值 1，而多加了最后一项的值 101。

例 3.2　利用 while 语句，用公式 $1-1/3+1/5-1/7+\cdots=\pi/4$，求 π 的近似值，直到最后一项的绝对值小于 10^{-4} 为止（本例中 1/n 为实数）。

分析：本题也是求累加和的问题，但比例 3.1 复杂。

①用分母控制循环次数，若用 n 放分母的值，每累加一次 n 应当增加 2，而且每次累加的数不是整数，是一个实数。

②加数正负相隔，若用 t 放相加的每一项，每加一次，t 要正负变换，可用乘 −1 实现。

③结束循环的条件是最后一项的绝对值小于 10^{-4}，即 $t<10^{-4}$。

程序如下：

```
#include <math.h>
main ()
{ int  s=1;
   float pi, n, t;
   pi=0;  n=1;   t=1;
   while (fabs (t) >=1e−4)
  {  pi=pi+t;
     n+=2;
     s=−s;      /* 改变符号 */
     t=s/n;
  }
  pi=pi*4;
  printf (" π =%f\n", pi) ;
  getch () ;
}
```

程序运行后输出以下结果：

π =3.141397

例 3.3 求 s=10!

分析：10!=1*2*3*⋯*10

```
main ()
{ int i=1;
   long  s=1;        /* 初始化 */
   while (i<=10)     /* 条件判断，控制循环 */
  { s *= i;          /* 实现累乘 */
    i++;             /* 循环控制变量 i 自增 1*/
  }
  printf ("s=10!=%ld\n", s) ;
  getch () ;
}
```

程序运行后的输出结果：

s=10!=3628800

总之，我们在编制循环程序时，要注意下面几个方面：

①遇到数列求和，求积的一类问题，一般可以考虑使用循环语句解决。

②注意循环初值的设置，一般对于累加器常设初值为 0，累乘器常设初值为 1。

③切记不要发生死循环，所以一定要设好循环终止条件。

（2）do–while 语句

do–while 语句是先执行循环体，再判断条件是否成立。

1）语句格式

```
do
  循环体语句
while（表达式）;
```

2）执行过程

①执行循环体语句。

②计算表达式的值。

③当表达式的值为真时，执行步骤①，表达式的值为假时，执行步骤④。

④跳出 while 循环，继续执行循环外的后续语句。

执行过程如图 3.4 所示。

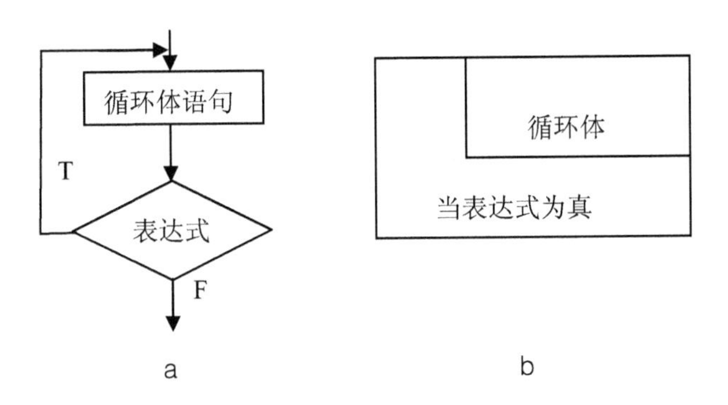

图 3.4　do–while 循环执行流程图和 N–S 图

例 3.4　用 do–while 语句编程求 sum =1+2+…+100。

分析：sum =1+2，sum = sum +3，sum = sum +4，…，sum = sum +100

程序如下：

```
main ()
{  int i=1, sum=0;
   do
{ sum+=i;
    i++;
```

```
    } while (i<=100) ;
  printf ("sum=%d\n", sum) ;
  getch () ;
  }
```

可以看到，对同一个问题可以用 while 语句处理，也可以用 do–while 语句处理，但不管用哪种语句处理，对循环控制变量赋初值时，一定不能将赋初值语句放到循环体语句中，而要放到循环语句之前，否则，程序将是一个死循环。分析下面的程序：

```
main ()
{
  int i, sum=0;
  do
  { i=1;  /* 循环控制变量 i 在循环体内赋初值 */
    sum+=i;
    i++;
  } while (i<=100) ;
  printf ("sum=%d\n", sum) ;
  getch () ;
}
```

由于循环控制变量 i 在每执行一次循环体时都被重新赋值为 1，即 i 值在整个程序的过程中，总在 1 与 2 之间变化，不可能大于 100，所以本程序是一个死循环。

说明：

①在 if 语句和 while 语句中，表达式后面都不要加分号（否则就是空语句或空循环体），而在 do–while 语句的表达式后面则必须加分号。

② do–while 循环与 while 循环的主要区别是：do–while 循环，总是先执行一次循环体，然后再求表达式的值，因此，无论表达式是否为“真”，循环体至少执行一次。而 while 循环先判断循环条件再执行循环体，循环体可能一次也不执行。因此，当循环体语句至少要执行一次时，while 和 do–while 语句可以相互替换。

③ do–while 语句也可以组成多重循环，并且可以和 while 语句相互嵌套。

④当循环体内有多个语句时，必须用 {} 括起来组成复合语句，还有要避免死循环等，要求与 while 循环语句相同。

例 3.5　while 和 do-while 循环的比较。

① while 循环

```
main ()
{
   int sum=0, n;
   printf ("n=") ;
   scanf ("%d", &n) ;
   while (n<100)
   {  sum+=n;
      n++;
   }
   printf ("sum=%d,  n=%d\n", s, n) ;
   getch () ;
}
```

当从键盘输入 n 的的值为 100 时，程序运行结果：

n=100

sum=0, n=100

② do–while 循环

```
main ()
{ int sum=0, n;
  printf ("n=") ;
  scanf ("%d", &n) ;
   do
   { sum +=n;
      n++;
    }while (n<100) ;
    printf ("sum=%d，n=%d\n", sum, n) ;
    getch () ;
}
```

当从键盘输入 n 的值为 100 时，程序运行结果：

n=100

sum=100, n=101

分析这两个程序可以看到，当表达式的值第一次就为假时，while 循环的循环体语句一次也不执行，运行结果为 sum=0，而 do–while 循环的循环体语句仍要执行一次，运行结果为 sum=100；当表达式的值第一次判断就为真时，while 语句和 do–while 语句在执行后得到相同的结果。

（3）for 语句

C 语言中的 for 语句使用最为灵活，不仅可用于循环次数已经确定的情况，也可用于循环次数不确定而只给出循环结束条件的情况，它完全可以代替 while 语句。

语句格式：

for（表达式 1; 表达式 2; 表达式 3）

循环体语句；

其中：表达式 1 通常用来给循环变量赋初值，一般是赋值表达式，也允许在 for 语句外给循环变量赋初值，此时可以省略该表达式；表达式 2 通常是循环条件，一般为关系表达式或逻辑表达式；表达式 3 通常用来修改循环控制变量的值（增量或减量运算），一般是赋值语句，它使得在有限次循环后，可以正常结束循环。

执行过程：

①计算表达式 1 的值。

②计算表达式 2 的值，若其值为真（非 0），则执行第③步；若其值为假（0），转向第⑥步。

③执行循环体语句。

④计算表达式 3 的值。

⑤重复步骤②。

⑥循环结束，执行 for 语句后面的语句。

流程图如图 3.5 所示。

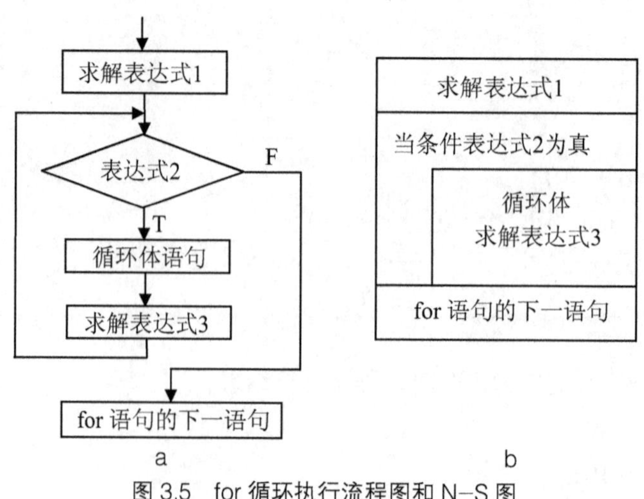

图 3.5　for 循环执行流程图和 N–S 图

在整个 for 循环过程中，表达式 1 只计算一次，表达式 2 和表达式 3 则可能计算多次。循环体可能多次执行，也可能一次都不执行。

C 语言的 for 语句形式变化多样，表达式 1、表达式 2、表达式 3 皆可省略，也可以是逗号表达式，但这些变化形式往往会使 for 语句显得杂乱，可读性降低，建议编程时尽量用 for 语句的基本形式。

例 3.6　求正整数 n 的阶乘 n!, 其中 n 由用户输入。

分析：n!=1*2*…*n；设置变量f为累乘器（被乘数），i为乘数，兼做循环控制变量。

程序如下：

```
main ()
{ long  f;
  int  i, n;
  printf ("Please  input  n: ") ;
  scanf ("%d", &n) ;
  for (i=1, f=1; i<=n; i++)
    f=f*i;
  printf ("%d!=%ld\n", n, f) ;
  getch () ;
}
```

程序执行后，结果如图 3.6 所示。

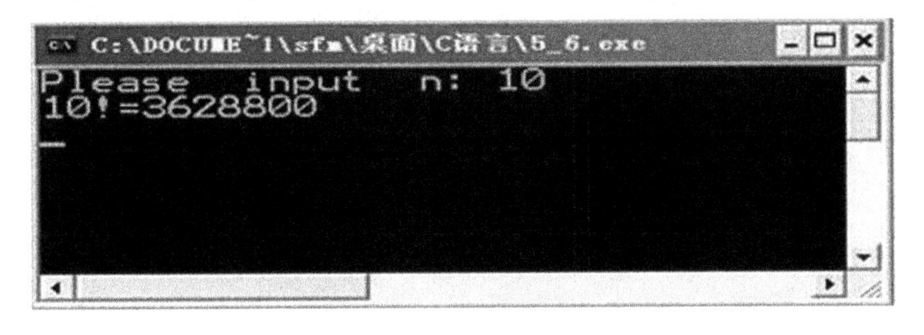

图 3.6　例 3.6 运行结果

例 3.7　求一个等差数列前 n 项的和，等差数列的一般形式是：

$$a_1, a_2, \cdots, a_n$$

其中，$a_{i+1} - a_i = d$ $(i = 1, 2, \cdots, n - 1)$，d 称为公差。

求前 n 项和的办法是逐项相加，即：$s = a_1 + a_2 + \cdots + a_n$，从第二项开始，每一项是前一项加上 d。这样，知道第一项和 d 的值及所求项数 n，就可求出前 n 项的和。

程序如下：

```
#include <stdio.h>
main ()
{
    int  a1, d, n, i;
    int  sum=0;
    printf ("Type in：a1=?\t d=?\t n=?\n") ;
    scanf ("%d%d%d", &a1, &d, &n) ;
    for (i=1; i<=n; i++)
    {
      sum +=a1;  /* 求和 */
      printf (" %d,  ", a1) ; /* 输出每一项的值 */
      a1 +=d;   /* 求每一项的值 */
    }
    printf ("\nSum=%d\n", sum) ; /* 输出和值 */
}
```

程序执行后，结果如图 3.7 所示。

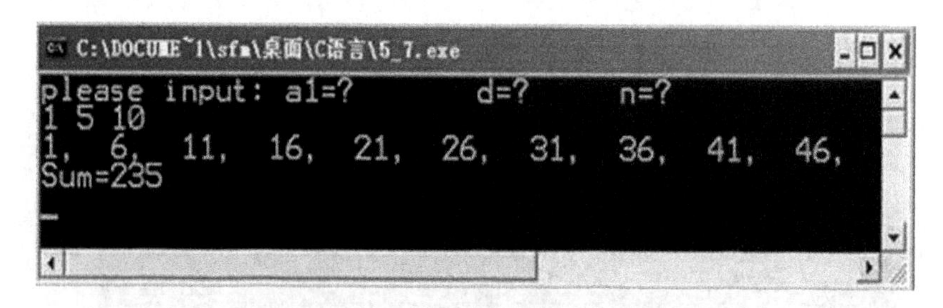

图 3.7　例 3.7 运行结果

说明：

①在 for 语句中，三个表达式中的任何一个表达式均可省略，但其中的两个“；”不能省略。

②下列两个循环都是死循环：

for (表达式 1; ; 表达式 3) 循环体 ;

for (; ;) 循环体 ;

因为它们都没有用于判断循环是否结束的条件（即表达式 2）。

③与 while 循环一样，for 循环的条件测试总是在进入循环体之前进行。

④ for 语句不仅可以用于循环次数能直接确定的情况，也可用于无法直接确定循环次数、但在满足一定条件时就可终止循环的情况。

⑤在 for 循环中，循环体也可以是复合语句（即用一对花括号 { } 括起来的语句组）。

任务 2　统计全班四门课程的总成绩及平均成绩

知识目标	循环嵌套语法及执行过程
能力目标	利用循环嵌套解决实际问题 各种循环语句的互相嵌套
素质目标	培养学生对新事物的接受能力 培养学生自我学习的能力
重点内容	循环语句嵌套应用及执行过程
难点内容	循环嵌套应用及执行过程

3.2.1　任务描述

计算机应用技术班 30 人参加了期末考试，一共考了四门课程，设计一个程序，实现下列功能：

（1）新建一个文件 p3_2.c；

（2）按指定格式输入学生各门课程成绩；

（3）计算每门课程的总成绩及平均成绩。

3.2.2　任务实现

```
#include <stdio.h>
main ()
{
  int  i, j, score;
  float  total, ave;
  for (i=1; i<=4; i++)          /* 外循环控制 4 门课程 */
```

```
  { total=0;
    printf ("please input %dth class score: ", i) ;
    for (j=1; j<=30; j++)        /* 内循环控制人数 */
   {  scanf ( “%d” , &score) ;  /* 循环语句从键盘接受值 */
      total= total+score;   /* 计算总成绩 */
    }
    ave=total/30.0;           /* 计算一门课的平均成绩 */
    printf ( “%dth class total score and average score: ” ,  i) ;
    printf ( “total=%4.2f, ave=%4.2f\n” , total, ave) ; /* 输出总成绩和平均成绩 */
  }
}
```

程序执行结果如图 3.8 所示（为了调试简单，把 30 改为了 10）。

```
C:\DOCUME~1\ADMINI~1\桌面\课改C~1\新书C\p3_2.exe
please input 1th class score: 90 87 77 89 84 85 93 95 76 81
1th class total score and average score: total=857.00,ave=85.70

please input 2th class score: 88 76 90 78 89 93 85 91 79 70
2th class total score and average score: total=839.00,ave=83.90

please input 3th class score: 78 73 89 82 90 84 88 94 78 94
3th class total score and average score: total=850.00,ave=85.00

please input 4th class score: 93 92 88 85 78 79 86 95 87 90
4th class total score and average score: total=873.00,ave=87.30
```

图 3.8　任务 2 执行结果

3.2.3　任务分析

这是一个双重循环问题，利用外循环控制课程数量，利用内循环控制人数。外层循环每循环一次，内层循环都要输入 30 个学生成绩并求和，内层循环结束求出一门课的平均值并输出。需注意的是变量 total 的初始值要在外层循环体里面，内层循环体外面赋初值。

3.2.4　知识链接

（1）循环嵌套

所谓循环的嵌套是指一个循环体内又包含了另一个完整的循环结构。C 语言允许循环结构嵌套多层，循环的嵌套结构又称为多重循环。

前面介绍的三种循环语句本身就相当于一条语句，程序中只要能放语句的地方，都可以用这三种循环语句。表 3.1 列出了几种循环嵌套的格式。

表 3.1　常用循环嵌套格式

<table>
<tr><td>1</td><td>while()
{ while()
{ }
}</td><td>2</td><td>for(; ;)
{for(; ;)
{ }
}</td></tr>
<tr><td>3</td><td>do
{ do
{ }
while();
}while();</td><td>4</td><td>while()
{ do
{ }
while();
}</td></tr>
<tr><td>5</td><td>for(; ;)
{ while()
{ }
}</td><td>6</td><td>do
{ for(; ;)
{ }
}while();</td></tr>
</table>

这里列出了几种双层嵌套的格式，实际上循环可以嵌套很多层，内嵌的循环中还可以嵌套循环，这就是多重循环。按循环层次数，分别称之为二重循环、三重循环等，处于内部的循环叫作内循环，处于外部的循环叫作外循环。

嵌套的循环是这样执行的：因为内循环是外循环的循环体语句，所以外循环控制变量的值每变化一次，则内循环要执行一个“轮回”，即内循环控制变量的值从“初值”变化到“终值”，也就是说内循环执行到退出为止。下面以一个二重循环说明其执行过程。

```
for(m=1; m<3; m++)
 for(n=1; n<4; n++)
   s=m+n;
```

该程序段的执行过程如表 3.2 所示。

表 3.2　嵌套循环执行示例

<table>
<tr><th>外循环控制变量 m</th><th>内循环控制变量 n</th><th>语句 s</th></tr>
<tr><td rowspan="3">m=1</td><td>n=1</td><td>s=m+n=2</td></tr>
<tr><td>n=2</td><td>s=m+n=3</td></tr>
<tr><td>n=3</td><td>s=m+n=4</td></tr>
</table>

续表

外循环控制变量 m	内循环控制变量 n	语句 s
m=2	n=1	s=m+n=3
	n=2	s=m+n=4
	n=3	s=m+n=5

例 3.8 输出如下图形：

```
******
 ******
  ******
   ******
```

分析：由图形可看出一共 4 行，可用一个循环语句实现；每一行都是 6 个星号，又可再用一个循环语句实现；而每一行的空格个数是有规律的，即下一行比上一行多一个，空格的个数也可用一个循环语句实现。

程序如下：

```
main ()
{  int i, j, k;
   for (i=0; i<4; i++)          /*i 为循环控制变量，控制行数 */
   {  for (k=0; k<=i, k++)    /* 输出每行的空格数 */
         printf (" ") ;
      for (j=0; j<6; j++)    /* 输出每行的星号数 */
         printf ("* ") ;
      printf ("\n") ;
   }
   getch () ;
}
```

程序执行后，结果如图 3.9 所示。

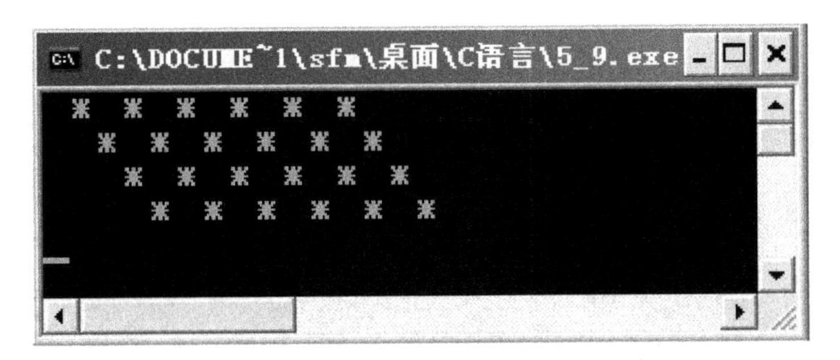

图 3.9　例 3.8 运行结果

例 3.9　整元换零钱的问题。把 1 元兑换成 1 分、2 分、5 分的硬币，共有多少种不同换法？

分析：以下程序中 i 为 5 分硬币的个数，j 为 2 分硬币的个数，100−5*i−2*j 为 1 分硬币的个数，共有 m 种不同换法。

程序如下：

```
#include <stdio.h>
main ()
{
   int  i,  j, m;
   m=0;
   for (i=0; i<=20; i++)
   {
      for (j=0; j<= (100−i*5) /2; j++)
     {
     m++;
     printf ("%d\t%d\t%d\n", 100−5*i−2*j, j, i) ;
     }
   }
    printf ("\nm=% d\n", m) ;
}
```

程序执行后，结果如图 3.10 所示（屏幕所限，结果没有全部显示出来）。

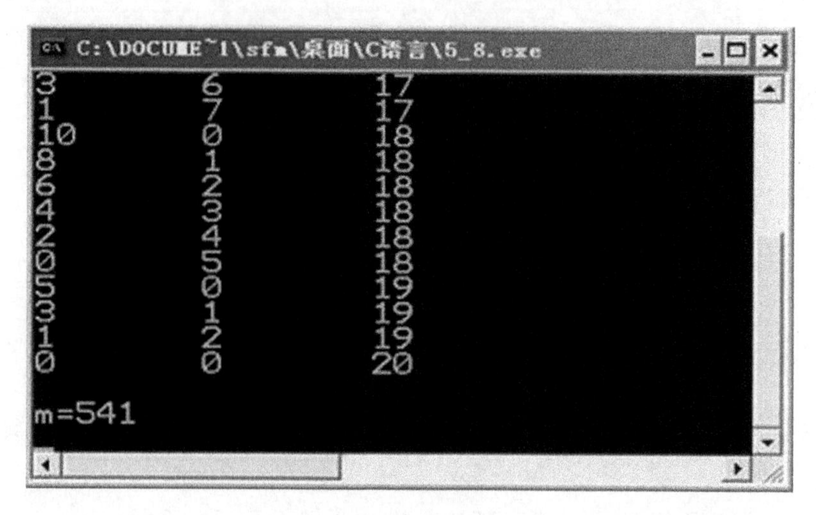

图 3.10　例 3.9 运行结果

对确切知道循环次数的循环，用 for 比较合适，对其他不确定循环次数的循环，可以使用 while 或 do–while 循环。

（2）break、continue 语句

前面介绍的循环，只能在循环条件不成立的情况下才能退出循环，可是有时人们等不到循环条件不成立，就希望执行到一定条件结束循环或重新下一次循环。要想实现这样的功能就要用到下面的语句。

1) break 语句

break 语句通常用在循环语句和多分支选择 switch 语句中。当 break 语句用于 switch 语句中时，可使程序跳出 switch 语句，执行 switch 语句以后的语句；当 break 用于 while、do–while 和 for 循环语句中时，可使程序终止循环，执行循环语句后面的语句。

一般形式为：

break;

说明：

① 通常 break 语句与 if 语句联在一起，即满足某条件时便跳出循环。

② break 语句只能跳出它所在的那一层循环，即在多层循环中，break 语句只向外跳一层，而不能一下跳出最外层。

例 3.10　break 语句应用示例：已知正方形的边长为不大于 10 的正整数，要求输出所有小于 60 的正方形面积值。

```
main ()
{  int a, area;
```

```
    for (a=1; a<=10; a++)
    {  area= a*a;
      if (area>=60) break;
      printf ("a=%d,  area=%d \n", a, area) ;
    }
    getch () ;
}
```

程序执行后，结果如图 3.11 所示。

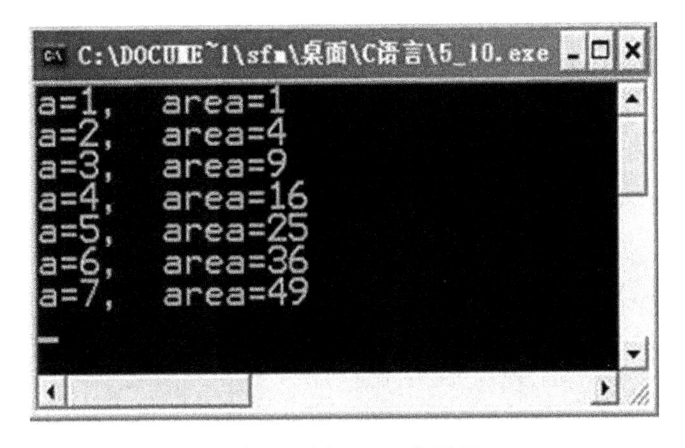

图 3.11　例 3.10 运行结果

程序分析：这是一个 for 循环，虽然该循环中有控制循环结束的变量 a，但是当 a>10 退出循环体时，正方形面积早已超出 60，不符合题目要求。因此，在 for 循环体中计算完正方形面积后增加了判断其值是否大于 60 的 if 语句，如果判断结果为真，则执行 break 语句强行退出循环。

2）continue 语句

continue 语句的作用是结束本次循环，跳过循环体中剩余的语句而直接执行下一次循环。

一般形式为：

continue;

说明：

① continue 语句只用于 while、do–while 和 for 等循环语句中，常与 if 语句一起使用，起到加速循环的作用。

② continue 语句与 break 语句的区别是：continue 语句只结束本次循环，而不是

终止整个循环的执行；而 break 语句则是结束整个循环过程，不再判断循环条件是否成立。

例 3.11 求输入的五个整数中正数的个数及其平均值。

```
#include <stdio.h>
main ()
{  int i, num=0, a, sum;
   float  ave;
   sum=0;
   printf ("please  input  5 numbers : ") ;
   for (i=1; i<=5; i++)
   { scanf ("%d", &a) ;       /* 从键盘输入整数赋给变量 a*/
     if (a<=0)  continue;   /* 如果为负数则结束本次循环 */
     num++;               /* 对输入的正数计数 */
     sum+=a;              /* 求输入正数的和 */
   }
  ave= sum*1.0/ num;       /* 求平均值 */
  printf ("num =%d,  sum=%d\n", num, sum) ;  /* 输出所有正整数的和 */
  printf ("ave =%6.2f\n", ave) ;             /* 输出所有正整数的平均值 */
  getch () ;
}
```

程序执行后，结果如图 3.12 所示。

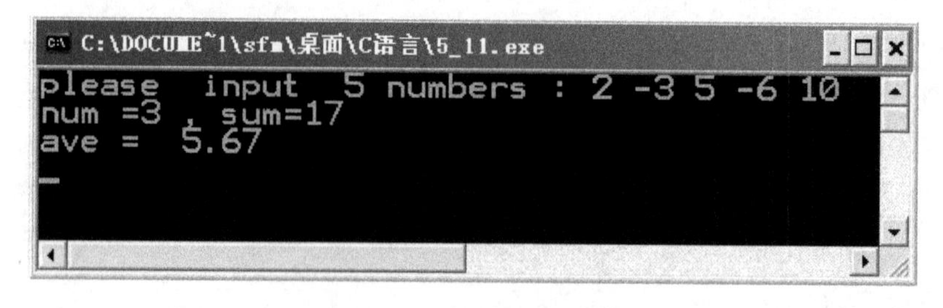

图 3.12 例 3.11 运行结果

（3）几种循环比较

从前面的循环结构的语法和例子的介绍，我们可以看出循环结构由 4 部分组成：

①循环变量、条件的初始化。

②循环变量、条件检查，以确认是否进行循环。

③循环变量、条件的修改，使循环趋于结束。

④循环体处理的其他工作。

循环变量、循环条件、循环体通常称为循环三要素。

C 语言中，三种循环结构（不考虑用 if/goto 构成的循环）都可以用来处理同一个问题，但在具体使用时存在一些细微的差别。如果不考虑可读性，一般情况下它们可以相互代替。

①循环变量初始化：while 和 do–while 循环，循环变量初始化应该在 while 和 do–while 语句之前完成；而 for 循环，循环变量的初始化可以在表达式 1 中完成。

②循环条件：while 和 do–while 循环只在 while 后面指定循环条件；而 for 循环可以在表达式 2 中指定。

③循环变量修改使循环趋向结束：while 和 do–while 循环要在循环体内包含使循环趋于结束的操作；for 循环可以在表达式 3 中完成。

④ for 循环可以省略循环体，将部分操作放到表达式 3 中，for 语句功能强大，写法灵活。

⑤ while 和 for 循环先测试表达式，后执行循环体，而 do–while 是先执行循环体，再判断表达式。

⑥三种基本循环结构一般可以相互替代，不能说哪种更加优越。具体使用哪一种结构依赖于程序的可读性和程序设计者个人程序设计的风格（偏好）。我们应当尽量选择恰当的循环结构，使程序更加容易理解。（尽管 for 循环功能强大，但是并不是在任何场合都可以不分条件使用）。

例 3.12　将 50 ~ 100 的不能被 3 整除的数输出（用三种循环结构实现）。

```
/* 用 while 语句实现 */
main()
{
  int i=50;
  while(i<=100)
  {
    if(i%3!=0)
    printf("%4d", i);
    i++;
  }
}
```

```
/* 用 do-while 语句实现 */
main()
{
  int i=50;
  do
  {
    if(i%3!=0)
    printf("%4d", i);
    i++;
  } while(i<=100);
}
```

```
/* 用 for 语句实现 */
main()
{
  int i;
  for(i=50; i<=100; i++)
    if(i%3!=0)
      printf("%4d", i);
}
```

对计数型的循环或确切知道循环次数的循环，用 for 比较合适，对其他不确定循环次数的循环许多程序设计者喜好用 while 或 do−while 循环实现。

循环结构程序举例

例 3.13 从键盘输入 30 个字符，输出其中的数字字符，并统计其中数字字符的个数。

分析：如果把一个变量定义为字符型，敲击键盘的任意一个键，都作为字符处理，所谓数字字符，就是范围在“0”～“9”的字符，字符“0”的整数值是 48（即 ASCII 码），注意与数字 0 的区别。

```
main ()
{
  int sum=0, i;
  char ch;
  for (i=0; i<30; i++)
  {
    ch=getchar () ;
    if (ch<'0'||ch>'9')  continue;  /* 不是数字重新输入 */
    printf ("%c  ", ch) ;                   /* 输出数字字符 */
    sum++;        /* 数字个数累加 */
  }
  printf ("\nsum=%d\n", sum) ;  /* 输出数字个数 */
}
```

程序执行后，结果如图 3.13 所示。

图 3.13　例 3.13 运行结果

例 3.14　假设银行存款 10000 元，按年利率 4.5% 计算，一年后连本带利将变为 10450 元，若将此款继续存入银行，试问多长时间就会连本带利翻一番?

分析：本例银行存款满一年，本利合计是 x=1000*（1+4.5%），第二年本利合计是第一年的（1+4.5%）倍，即 x*（1+4.5%），依此类推，计算某一年的本利应是前一年本利的（1+4.5%）倍。翻一番的意思是原值的两倍。

程序如下：

```
main ()
{  float money=10000, interest=4.5/100;
   int  year = 0;
   printf (" year    money \n") ;
  do
  {
    money = money * (1+interest) ;
    year++;
    printf ("%4d     %-8.2f\n", year, money) ;
   } while ( money<2*10000) ;
  printf ("money=10000, interest=4.5%%, year =%d \n", year) ;
  getch () ;
}
```

程序执行后，结果如图 3.14 所示。

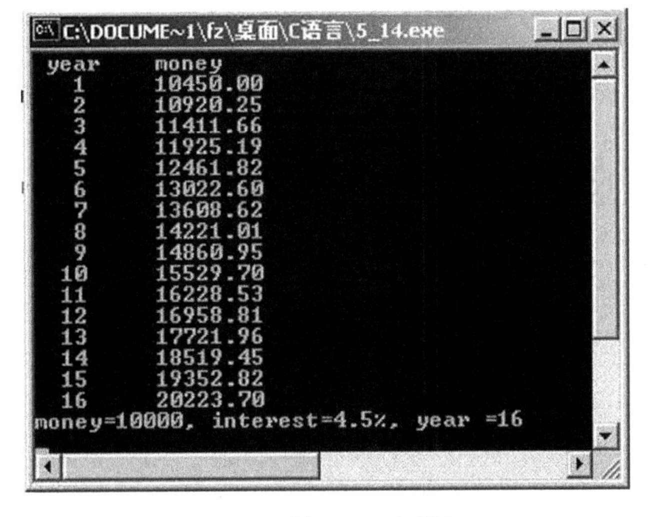

图 3.14　例 3.14 运行结果

例 3.15 百钱买百鸡：公元 5 世纪末，我国古代数学家张丘建在《算经》中提出了“百鸡问题”：“鸡翁一，值钱五；鸡母一，值钱三；鸡雏三，值钱一。百钱买百鸡，问鸡翁、母、雏各几何？”意为：“每只公鸡值 5 元钱，每只母鸡值 3 元钱，三只小鸡值 1 元钱，用 100 元钱买 100 只鸡，问公鸡、母鸡、小鸡各可买多少只？”

分析：设 cocks——公鸡数，hens——母鸡数，chicks——小鸡数，百钱买百鸡可以列出方程：

cocks+ hens+chicks=100（只鸡）

5cocks+ 3hens+chicks/3=100（元钱）

这是一个不定方程问题，未知数多于方程数，要解此不定方程应先固定一个变量的值，然后求其他两个变量的值。对剩下的两个变量的各可能值一一测试，看他是否满足上面的两个方程，显然这是一个穷举问题，是一个循环嵌套问题。

（1）若用全部钱买公鸡，能买 20 只，这不符合百钱买百鸡，因此 cocks 值的范围是 0 ~ 19 中的整数。

（2）若用全部钱买母鸡，能买 33 只，因此 hens 值的范围是 0 ~ 33 中的整数。

（3）若用全部钱买小鸡，能买 300 只，不符合百钱买百鸡，因此 chicks 值的范围是 0 ~ 100 中的整数。

程序如下：

```
main ()
{
   int cocks, hens, chicks;
   printf ("cocks  hens  chicks \n") ;
   for (cocks =0; cocks<=19; cocks++)
      for (hens=33; hens>=0; hens--)
      {
         chicks= (100-5*cocks-3*hens)*3;
         if ( (cocks+ hens+chicks) ==100)
         printf ("%4d  %4d  %4d\n", cocks, hens, chicks) ;
      }
}
```

程序执行后，结果如图 3.15 所示。

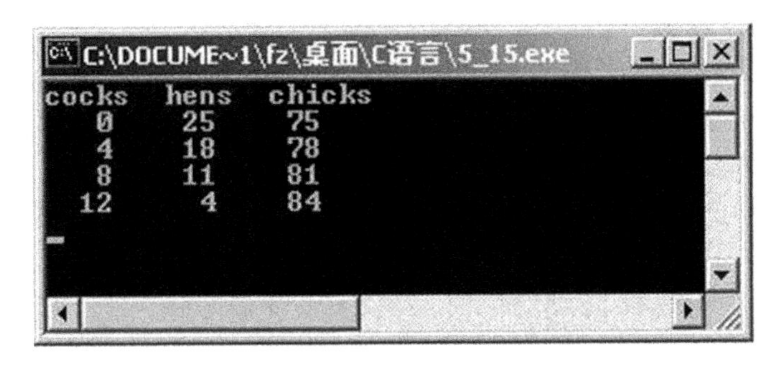

图 3.15　例 3.15 运行结果

例 3.16　已知小球从 100 米高度自由落下，落地后反复弹起，每次弹起的高度都是上次的一半，求此球第 10 次落地后反弹起的高度和球所经过的路程。

分析：设变量 h 为下落的高度，变量 r 为反弹高度，变量 s 为球所经过的路程。则 h 初值为 100，反弹高度 r=h/2，第一次球经过的路程 s=h+r。

第二次球下落的高度 h 等于上次反弹高度（图 3.16），如此重复 10 次，可用 for 循环来控制。

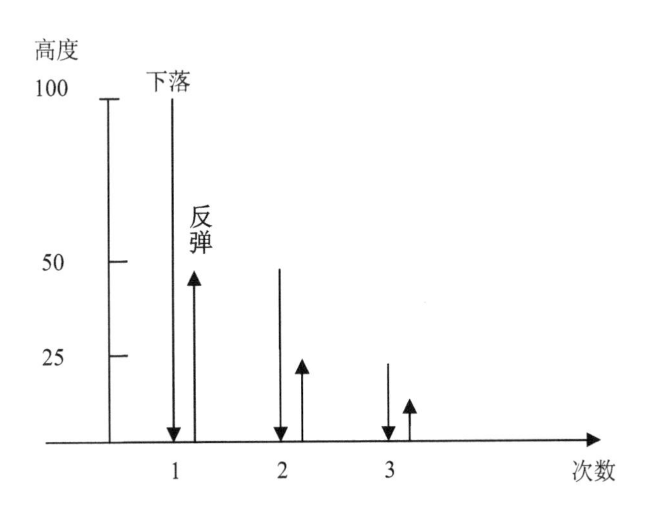

图 3.16　小球下落及反弹示意图

程序如下：

```
main ()
{
    float h=100, r, s=0;
    int i;
```

```
    for (i =1; i<=10; i++)
    {
      r=h/2;
      s=s+h+r;
      h=r;
    }
    printf ("h=%f,  s=%f\n", h, s) ;
}
```

程序执行后，结果如图 3.17 所示。

图 3.17　例 3.16 运行结果

习题三

一、选择题

1. 设有程序段

   int k=10;

   while (k=0) k=k−1;

   下面描述中正确的是（　）。

   A. while 循环执行 10 次　　B. 循环是无限循环

   C. 循环体语句一次也不执行　　D. 循环体语句执行一次

2. 语句 while (!E) ; 中的表达式 !E 等价于（　）。

   A. E==0　　B. E!=1

   C. E!=0　　D. E==1

3. 下面程序段的运行结果是（　）。

   int n=0;

```
while (n++<=2) ; printf ("%d", n) ;
```

A. 2　　　　B. 3

C. 4　　　　D. 有语法错

4. 下面程序的运行结果是（　）。

```
#include<stdio.h>
main ()
{
    int num=0;
    while (num<=2)
    {
        num++;
        printf ("%d\n", num) ;
    }
}
```

A.	B.	C.	D.
1	1 2	1 2 3	1 2 3 4

5. 对以下程序段描述正确的是（　）。

```
x=-1;
do{
    x=x*x;
} while (!x) ;
```

A. 是死循环　　　　B. 循环执行二次

C. 循环执行一次　　　　D. 有语法错误

6. 若有如下语句

```
int x=3;
do{printf ("%d\n", x-=2) ; }while (! (--x) ) ;
```

则上面程序段（　）。

A. 输出的是 1　　　　B. 输出的是 1 和 −2

C. 输出的是 3 和 0　　　　D. 是死循环

7. 下面程序的运行结果是（　）。

```
#include<stdio.h>
main ()
```

```
{ int y=10;
   do{y--; }while (--y) ;
   printf ("%d\n", y--) ;
}
```

A. −1　　B. 1　　C. 8　　D. 0

8. 若 i 为整型变量，则以下循环执行次数是（　）。

```
for (i=2; i==0; ) printf ("%d", i--) ;
```

A. 无限次　　B. 0 次　　C. 1 次　　D. 2 次

9. 执行语句 for (i=1; i++<4;) ; 后变量 i 的值是（　）。

A. 3　　B. 4　　C. 5　　D. 不定

10. 以下正确的描述是（　）。

A. continue 语句的作用是结束整个循环的执行

B. 只能在循环体内和 switch 语句体内使用 break 语句

C. 在循环体内使用 break 语句或 continue 语句的作用相同

D. 从多层循环嵌套中退出时，只能使用 goto 语句

二、填空题

1. 下面程序段是从键盘输入的字符中统计数字字符的个数，用换行符结束循环。请填空。

```
int n=0, c;
c=getchar () ;
while (____)
 {
   if (_____) n++;
   c=getchar () ;
 }
```

2. 下面程序的功能是用“辗转相除法”求两个正整数的最大公约数。请填空。

```
#include  <stdio.h>
main ()
{ int r, m, n;
  scanf ("%d%d", &m, &n) ;
  if (m<n) _______;
  r=m%n;
 while (r) {m=n; n=r; r=______; }
```

```
  printf ("%d\n", n) ;
}
```

3. 下面程序的运行结果是 ________。

```
#include <stdio.h>
main ()
{ int a, s, n, count;
  a=2; s=0; n=1; count=1;
  while (count<=7) {n=n*a; s=s+n; ++count; }
  printf ("s=%d", s) ;
}
```

4. 下面程序段的运行结果是 ________。

```
i=1; a=0; s=1;
do{a=a+s*i; s=-s; i++; }while (i<=10) ;
printf ("a=%d", a) ;
```

5. 下面程序段的运行结果是 ______。

```
i=1; s=3;
do{ s+=i++;
    if (s%7==0) continue;
    else ++i;
  }while (s<15) ;
printf ("%d", i) ;
```

6. 以下程序的功能是：从键盘上输入若干个学生的成绩，统计并输出最高成绩和最低成绩，当输入负数时结束输入，请填空。

```
main ()
{ int x, max, min;
  scanf ("%d", &x) ;
  max=x; min=x;
  while ( ____________ )
  { if (x>max) max=x;
    if ( ____________ ) min=x;
    scanf ("%d", &x) ; }
    printf ("\nmax=%f\nmin=%f\n", max, min) ;
}
```

7. 设 i, j, k 均为 int 型变量，则执行完下面的 for 循环后，k 的值为 ________。

```
for (i=0, j=10; i<=j; i++, j − − )
k=i+j;
```

8. 下面程序的功能是：计算 1 到 10 之间奇数之和及偶数之和，请填空。

```
#include <stdio.h>
main ()
{ int a, b, c, i;
  a=c=0;
  for (i=0; i<=10; i+=2)
  { a+=i;
     ____________ ;
    c+=b;
}
printf (" 偶数之和 =%d\n", a) ;
printf (" 奇数之和 =%d\n", c−11) ;
}
```

9. 下面程序的功能是：输出 100 以内能被 3 整除且个位数为 6 的所有整数，请填空。

```
#include <stdio.h>
main ()
{ int i, j;
  for (i=0; ____________ ; i++)
  { j=i*10+6;
    if ( ____________ ) continue;
    printf ("%d", j) ;
  }
}
```

三、编程题

1. 输出九九乘法口诀表。

2. 古典问题：有一对兔子，从出生后第 3 个月起每个月都生一对兔子，小兔子长到第三个月后每个月又生一对兔子，假如兔子都不死，问每个月的兔子总数为多少（输出 12 个月）？

兔子的规律为数列（称为斐波那契 Fibonacci 数列）

1 1 2 3 5 8 13 21……

3. 打印出如下图案（菱形）。

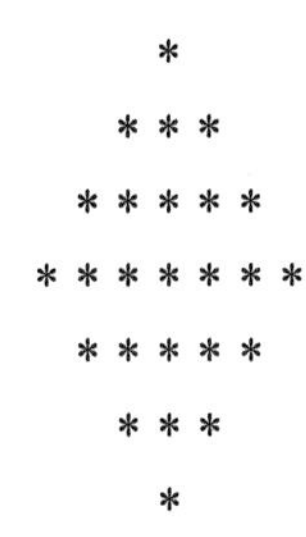

4. 若口袋里放 12 个彩球，4 个红的，4 个白的，4 个黄的，从中任取 8 个球，编写程序列出所有可能的取法。

项目四

基于数组实现学生成绩管理

学习情境

计算机应用技术班30位学生参加了期终考试（考了三门课），需要设计一个程序，实现下列功能：

1. 输出单门课程成绩单；
2. 输入输出学生名单；
3. 输出多门课程成绩单。

学习目标

熟练掌握一维数组、二维数组和字符数组的定义、赋值方法；
掌握数组的输入输出方法；
掌握数组元素的引用方法。

任务1　输出一门课学生成绩

知识目标	掌握一维数组的定义 掌握一维数组的初始化 掌握一维数组的引用
能力目标	能运用一维数组实现对多个学生的一门课程成绩输入及输出 调试运行C程序
素质目标	培养学生对分析问题解决问题的能力 培养学生自我学习的能力
重点内容	一维数组的定义及初始化
难点内容	一维数组的引用

4.1.1　任务描述

计算机应用技术班30位同学参加了一次数学考试，要求设计一个程序，实现下列功能：

（1）新建一个文件p4_1.c；

（2）按格式要求输入全班同学的成绩，并按学生成绩高低进行排序输出。

4.1.2　任务实现

```
#include <stdio.h>
#define N 30
main ()
{
  int i, math[N], t, j;
  printf ("Please enter the ten student achievement: \n") ;
  for (i=0; i< N; i++)
    scanf ("%d", &math[i]) ;
  for (j=0; j< N-1; j++)    // 循环N-1次，就可以分离出前N-1个数
    for (i=j+1; i< N; i++)  // 分离第j个数，则一定与第j+1至最后一个数比较
        if (math[j]<math[i]) // 逆序交换
        { t=math[j]; math[j]=math[i]; math[i]=t; }
    printf ("\nAfter sorting of student achievement:\n") ;
    for (i=0; i<10; i++)
       printf ("%4d", math[i]) ;
    printf ("\n") ;
    getch () ;
}
```

程序执行结果如图4.1所示（为了调试方便，将30改为10）。

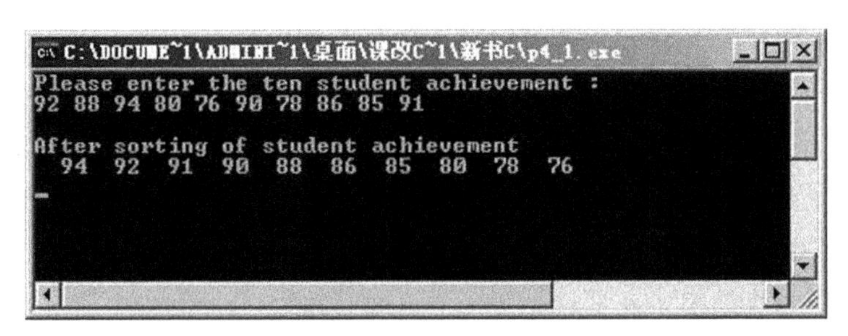

图4.1　任务1执行结果

4.1.3 任务分析

(1) 全班一共有 30 个同学，如果定义 30 个简单变量 x1，x2，…，x30，然后输出，显然是不科学的。因为需要排序，因而要求输入的每个同学的成绩都必须保存。那么如何解决这个问题呢？其实，仔细分析，不难发现每个同学的成绩都具有相同类型。这样，就须引入了一个新的概念，即数组；

(2) 对学生成绩进行排序，可以看成是：先求最高分，然后求次高分……一直到倒数第二个数找出为止；

(3) 所以先要解决的是：求多个同学的最高分，然后再在剩下的分数中找次高分，不断重复，直到剩下的最后一个数是最小数为止。

4.1.4 知识链接

我们前面已经介绍过整型、实型和字符型数据，变量在使用之前，一定要先定义，在变量声明中，要对每个变量都定义一个名字。通常将数据类型为整型、实型和字符型定义的变量称为简单变量。例如要统计一个班 10 个同学的成绩，我们可以定义 10 个变量，代表 10 个同学的成绩，假若有 1000 个同学，我们再定义 1000 个变量，代表 1000 个同学的成绩，显然这种方法不可取。在现实生活中，存在大量此类数据，它们具有相同的数据类型，需要相同的处理方法，如果仍用简单变量实现就变得非常困难。

前面几个项目中所使用的数据都属于基本数据类型（整型、实型、字符型），C 语言除了提供基本数据类型外，还提供了构造类型的数据，它们是数组类型、结构体类型、联合体类型。构造数据类型是由基本数据类型的数据按照一定的规则组成的。

在本项目中将要介绍的数组，就是将一系列相同类型的数据保存在一起，用同一个名字命名，通过不同的下标表示不同的数据，这样可以有效地处理大批量的数据，大大提高工作效率，便于阅读，便于维护。

数组就是具有相同数据类型的数据的有序集合。

数组中的每一个元素称为数组元素，它们具有相同的名称，不同的下标。数组元素可以作为单个变量使用。数组的下标是对数组中每一个元素在数组中位置的一个指示，在 C 语言中规定，所有数组的下标都必须从 0 开始，按顺序依次递增。因此，对于一个 n 个元素的数组而言，其第一个元素的下标是 0（称为数组下标的下界），最后一个元素的下标是 n−1（称为数组下标的上界）。

一维数组是指数组中元素只带有一个下标的数组。一维数组可以看作是一个数列或者一个向量，其中的元素用一个统一的数组名来标识，用一个下标来指示其在数组中的位置。对一维数组中的元素进行处理时，常常需要通过循环来实现。

（1）一维数组的定义

在使用一个数组之前，必须对它加以定义，定义形式类似简单变量。它的任务是：

①标识数组的名称。

②确定数组的大小，即数组中元素的个数。

③表明数组的基类型，即数组元素的类型。

定义一维数组的一般形式：

类型名 数组名 [整型常量表达式];

例如：int s[10];

这个语句说明了下面几点：

①定义了一个名为 s 的一维数组。

②方括号中的 10 规定了 s 数组含有 10 个数组元素，依次是 s[0], s[1], s[2]…s[9]；

③类型名 int 规定了每一个数组元素都是整型数据。

④每个元素只有一个下标，下标范围 0 ~ 9。C 语言中规定，所有数组的下标都必须从 0 开始，按顺序依次递增。

⑤ C 编译程序将为 s 数组在内存中开辟 10 个连续的存储单元，如图 4.2 所示。s[0] 在内存中的存储地址最低，s[9] 在内存中的存储地址最高。可以用每个存储单元的名字直接引用每个存储单元。

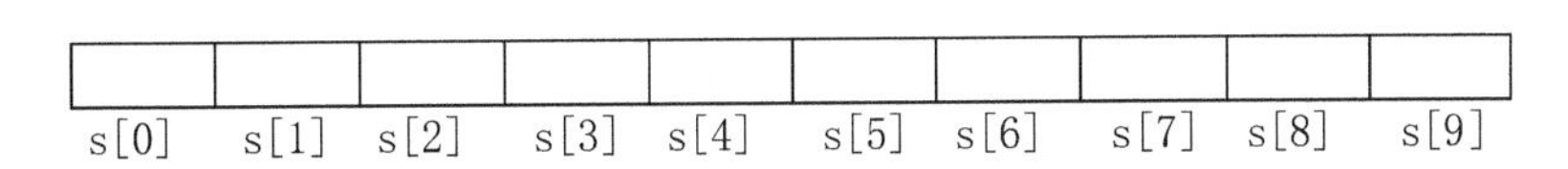

图 4.2　一维数组在内存中的存储形式

关于一维数组，还有以下几点需要说明：

①数组名的命名规则要符合用户标识符的命名规则。

②“整型常量表达式”的值表示数组元素的个数，也称为数组的长度。它可以是整型常量或符号常量，但不允许使用变量。也就是说，C 语言中不允许对数组的大小作动态定义。例如，下面定义数组方法是不正确的：

```
int n=10;
int a[n];
…
```

③类型说明符规定了数组元素的类型，可以是基本数据类型，也可以是构造数据类型。类型说明规定了每个数据占用的内存字节数。上例中类型说明符 int 规定

了数组 s 中每个元素都是整型数据，分配 2 个字节的空间，因为总共有 10 个元素，所以数组 s 占用 20 个字节的连续存储地址。

④C 语言还规定，数组名是数组的首地址，即 a=&a[0]，是地址常量，不允许改变，即不能对数组名进行赋值。

（2）一维数组的初始化

通常对数组元素的初始化和对变量的初始化是一样的，可采用两种方法：一种是先定义数组，再用赋值语句或输入语句给数组中的元素赋值，另一种是在定义的同时为数组元素设置初始值，其对应的语法格式为：

类型说明符 数组名 [整型常量表达式]={ 初始化常量列表 };

对一维数组元素初始化常见的几种形式有：

①对数组所有元素赋初值，此时可以忽略中括号内数组元素的个数，即数组的长度。

例如：int a[5]={1, 2, 3, 4, 5};

可以简写为：int a[]={1, 2, 3, 4, 5};

②对数组部分元素赋初值，此时数组长度不能省略。

例如：int a[5]={1, 2};

相当于：a[0]=1, a[1]=2, 编译系统将会自动给 a[2]、a[3]、a[4] 赋 0 值。

③如果想给一个数组中的所有元素赋初值 0，可写成：

int a[5]={0};

④整形数组在未赋值时，其数组元素的值是不确定的。

例如：如果不进行初始化，定义 int a[5]；那么数组 a 中各个元素的值是随机的，而不是默认值 0。

⑤利用输入函数逐个输入数组中的各个元素。例如，

```
#include <stdio.h>
main ()
{ int  i, a[5];
  for (i=0; i<5; i++)  scanf ("%d", &a[i]) ;
}
```

其中 &a[i] 表示取数组元素 a[i] 的地址。

⑥通过赋初值可以确定数组的大小。

例如： int a[]={1, 2, 3, 4, 5, 6};

等价于：int a[6]={1, 2, 3, 4, 5, 6};

（3）数组元素的引用

数组一经定义就可以在程序中引用它的元素，对数组元素的引用形式为：

数组名 [下标];

数组元素在引用时，下标可以是整型常量或整型表达式，也可以使用变量。

例如：a[0] = a[1]+a[2*2]−a[8% 6];

例 4.1　下面的程序说明了如何对数组定义和引用数组元素。

分析：用符号常量定义数组大小，数组的初始化和输出都用循环语句实现。

程序如下：

```
#include <stdio.h>
#define N 5
main ()
{ int i, a[N];
  for (i = 0; i < N; i++)
  a[i] = i+1;
  for (i = 0; i < N; i++)
    printf ("%5d", a[i]) ;
  printf ("\n") ;
  getch () ;
}
```

程序执行后，输出结果如图 4.3 所示。

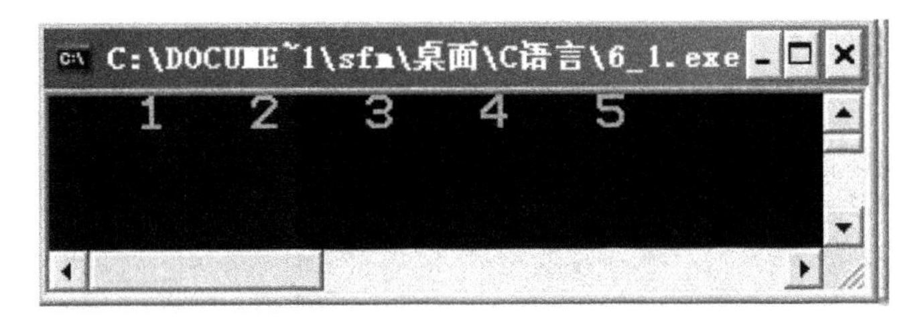

图 4.3　例 4.1 运行结果

关于数组的引用还有以下几点要注意：

①引用数组元素时，下标可以是整型常量、整型表达式或已经赋值的整型变量。

②数组元素本身可以看作是具有相同类型的单个变量，因此对变量可以进行的操作同样也适用于数组元素。

③在 C 语言中，一个数组不能整体引用。例如对于上例中的数组 a，不能用 a 代表 a[0] 到 a[4]，这也就是为什么在输出时要用循环语句对数组 a 中的元素逐个输出的原因。

④引用数组元素时，下标不能越界。

例 4.2 将一个数组逆序输出。

分析：在定义语句中对所有数组元素赋初值，先从数组下标最小值输出，下标加 1，依次输出所有数组元素，然后从数组下标最大值输出，下标减 1，依次输出所有数组元素。

程序如下：

```
#define N 5
main ()
{
  int a[N]={9, 7, 5, 3, 1}, i;
  printf ("\n original array: ") ;
  for (i=0; i<N; i++)
     printf ("%4d", a[i]) ;
  printf ("\n sorted array: ") ;
  for (i=N-1; i>=0; i--)
     printf ("%4d", a[i]) ;
  getch () ;
}
```

程序执行后，输出结果如图 4.4 所示。

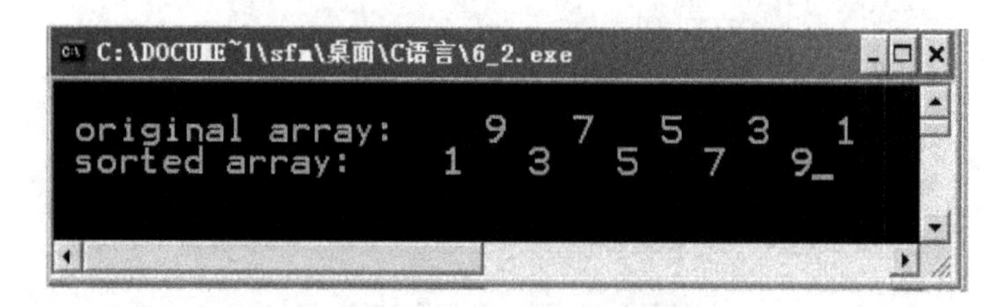

图 4.4 例 4.2 运行结果

例 4.3 求下列数的总和及平均值：95，86，90，92，89，75，88，96，91，93。

分析：循环语句实现求总和的功能，循环体外求平均值。

程序如下：

```
#include <stdio.h>
main ()
{ int array[10] = { 95, 86, 90, 92, 89, 75, 88, 96, 91, 93};
```

```
  int  i, sum, average;
  i = 0;
  sum = 0;
  while (i < 10)
     sum + = array[i++];
  printf ("The  sum  =  %d\n", sum ) ;
  average= (float) sum/10
  printf ("The  average  = % 1f\n", average) ;
  getch () ;
}
```

程序执行后，输出结果如图 4.5 所示。

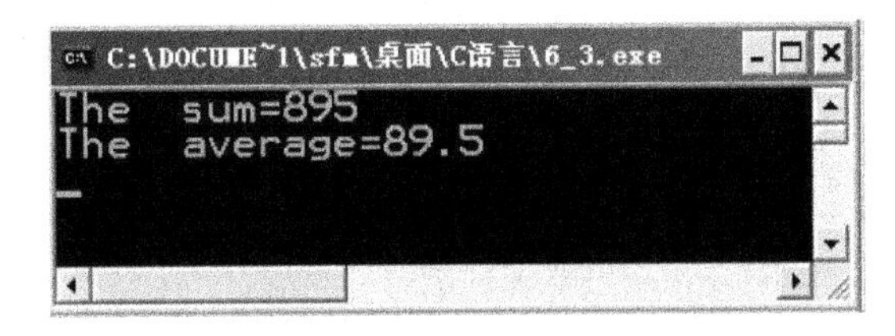

图 4.5　例 4.3 运行结果

例 4.4　用数组处理 Fibonacci 数列问题，输出前 30 项。

分析：Fibonacci 数列前两项值都是 1，从第三项开始，每一项的值都是前两项值的和，由于输出值较多，所以要用长整型，以免超出取值范围。

程序如下：

```
#include <stdio.h>
main ()
{ int i;
  long fib[30]={1, 1};
  for (i=2; i < 30; i++)
     fib[i]=fib[i−1] + fib[i−2];
  for (i=0; i < 30; i++)
     {if (i% 5==0)    printf ("\n") ; /* 每行输出 5 个数据 */
     printf ("%12ld", fib[i]) ;}
}
```

程序执行后，输出结果如图 4.6 所示。

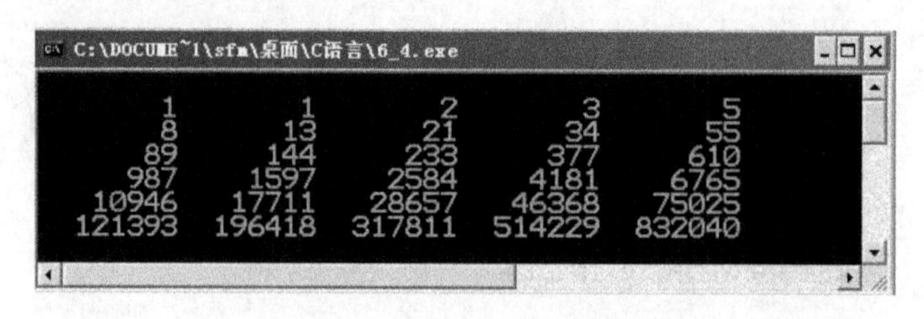

图 4.6　例 4.4 运行结果

任务 2　学生名单的输入输出

知识目标	熟练掌握字符数组的定义、引用、赋值等
能力目标	学会用一维字符数组对学生名单进行输入输出 调试运行 C 程序
素质目标	培养学生对新事物的接受能力 培养学生自我学习的能力
重点内容	字符数组的输入输出
难点内容	字符数组的输入输出

4.2.1　任务描述

计算机应用技术班 30 位同学参加了一次数学考试，要求设计一个程序，实现下列功能：

（1）新建一个文件 p4_2.c；

（2）按要求分成五组，每组六人，现要求输出某个小组的学生名单。

4.2.2　任务实现

```
#include <stdio.h>
#include <string.h>
#define N 6
main ()
{ char name[N][12];
```

```
    int i, j;
    printf ("Please enter the %d classmate's name :\n", N) ;
    for (i=0; i<N; i++)
      gets (name[i]) ;
    printf ("----------------------\n") ;
    printf ("Six students name is output :\n", N) ;
    printf ("----------------------\n") ;
    for (i=0; i<N; i++)
      puts (name[i]) ;
    getch () ;
}
```

程序执行结果如图 4.7 所示。

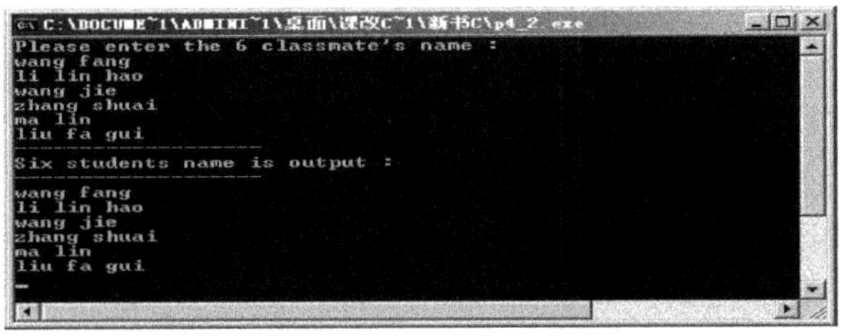

```
Please enter the 6 classmate's name :
wang fang
li lin hao
wang jie
zhang shuai
ma lin
liu fa gui
---------------------
Six students name is output :
---------------------
wang fang
li lin hao
wang jie
zhang shuai
ma lin
liu fa gui
```

图 4.7　任务 2 执行结果

4.2.3　任务分析

学生姓名是一个字符串，C 语言没有定义字符串的关键字，只能用字符型数组实现字符串的功能，此任务的主要目的是应用字符数组完成学生姓名的输入 / 输出。

4.2.4　知识链接

（1）一维字符数组

1）一维字符数组的定义

例如：char c[10];

意思是定义一个字符数组 c，它有 10 个元素。

c[0]='I'; c[1]=' □ '; c[2]='a'; c[3]='m'; c[4]=' □ '; c[5]='h'; c[6]='a'; c[7]='p'; c[8]='p'; c[9]='y'。

该数组的下标从 0 到 9，数组元素值如图 4.8 所示。

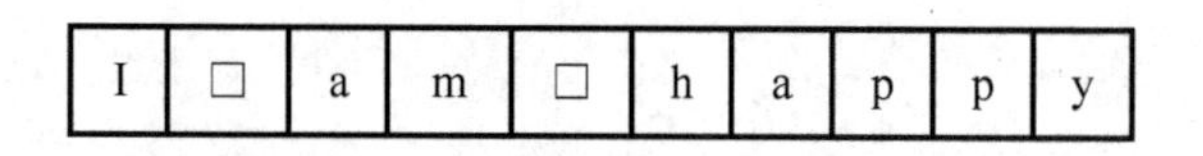

I	□	a	m	□	h	a	p	p	y

图 4.8　数组元素值存储

2）一维字符数组的初始化

①定义时逐个字符给数组中各元素。

char c[5]={'c', 'h', 'i', 'n', 'a'};

②可省略数组长度。

char c[ ]={'c', 'h', 'i', 'n', 'a'};

系统根据初值个数确定数组的长度，数组 c 的长度自动为 5。

③字符数组可以用字符串来初始化。

char c[6]="china"

char c[10]={"china"}　/* 花括号可以省略 */

如图 4.9 所示。

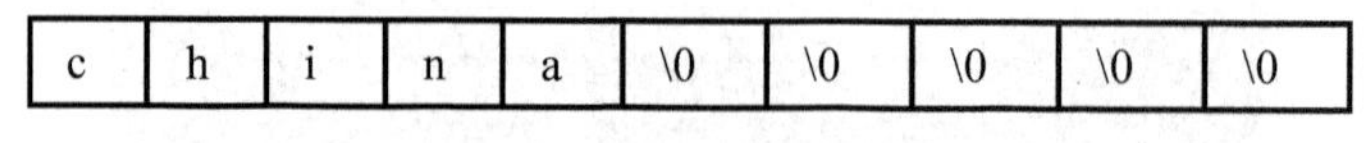

c	h	i	n	a	\0	\0	\0	\0	\0

图 4.9　数组元素初始化

方法一：用 %c 格式符逐个输入输出。

例如：

```
char c[6];
for (i=0; i<6; i++)
  { scanf ("%c", &c[i]) ;
    printf ("%c", c[i]) ; }
```

方法二：用 %s 格式符进行字符串输入输出。

例如：

```
char c[6];
scanf ("%s", c) ;
printf ("%s", c) ;
```

注意：

①输出时，遇“\0”结束，且输出字符中不包含“\0”。

②“%s”格式输入时，遇空格或回车结束，但获得的字符中不包含回车及空格本身，而是在字符串末尾添“\0”。

```
Char c[10];
scanf ("%s", c) ;
```

输入数据“How are you”, 结果仅“ How”被输入数组 c 中。

③一个 scanf 函数输入多个字符串，输入时以空格键作为字符串间的分隔。

例如：

Char s1[5], s2[5], s3[5];

scanf ("%s%s%s", s1, s2, s3) ;

输入数据“How are you”， s1, s2, s3 获得的数据如图 4.10 所示。

H	o	w	\0	\0
a	r	e	\0	\0
y	o	u	\0	\0

图 4.10　s1, s2, s3 的值

④“%s”格式符输出时，若数组中包含一个以上“\0”，遇第一个“\0”时结束。

例 4.5　三个同学姓名的输入输出。

程序如下：

```
#include <stdio.h>
main ()
{
  char name1[10], name2[10], name3[10];
  printf (" 请输入姓名 :\n") ;
  scanf ("%s%s%s", name1, name2, name3) ;
  printf (" 输出的姓名为 :\n") ;
  printf ("%s, %s, %s\n", name1, name2, name3) ;
}
```

程序执行结果如图 4.11 所示。

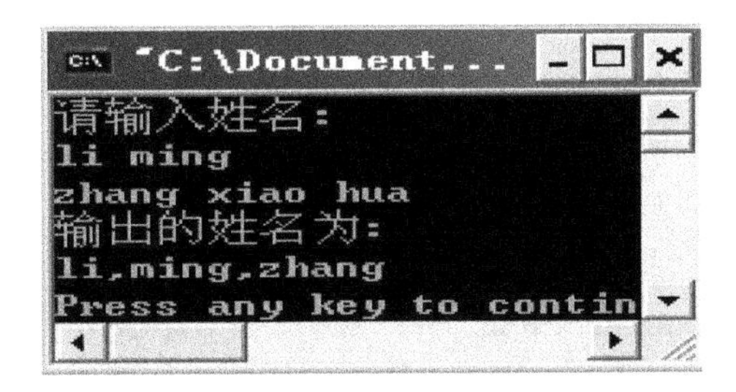

图 4.11　例 4.5 运行结果

注意：程序的运行结果表明：使用 %s 输入时，空格或回车表示输入的结束。

例 4.6 将例 4.5 改为 gets () 输入。

```
#include <stdio.h>
main ()
{ char name1[10], name2[10], name3[10];
  printf (" 请输入姓名 :\n") ;
  gets (name1) ;
  gets (name2) ;
  gets (name3) ;
  printf (" 输出的姓名为 :\n") ;
  printf ("%s, %s, %s\n", name1, name2, name3) ;
}
```

程序执行结果如图 4.12 所示。

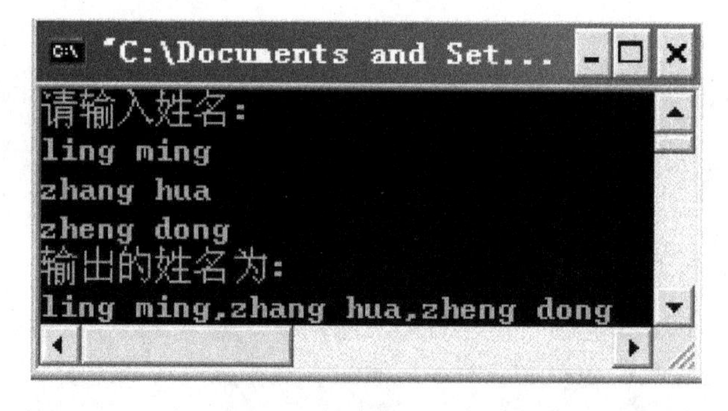

图 4.12 例 4.6 运行结果

注意：输入字符串函数——gets () 格式：**gets (字符数组)**

例如：char s[12]; gets (s) ;

功能：从键盘输入 1 个字符串。允许输入空格。

例 4.7 将例 4.5 改为 gets () 、puts () 函数。

```
#include <stdio.h>
main ()
{ char name1[10], name2[10], name3[10];
  printf ("Please enter names:\n") ;
  gets (name1) ; gets (name2) ; gets (name3) ;
```

```
  printf ("The names of the output are:\n") ;
  puts (name1) ; puts (name2) ; puts (name3) ;
}
```

程序执行结果如图 4.13 所示。

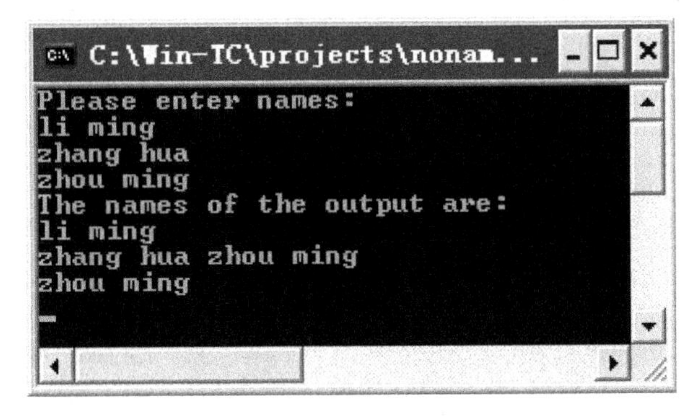

图 4.13　例 4.7 运行结果

注意：格式：**puts (字符数组)**

如：char s[6]="china";

puts (s) ;

功能：把字符数组中所存的字符串，输出到标准输出设备中，并用 "\n" 代替 "\0"。

(2) 常用字符串函数

1）字符串比较函数

格式：**strcmp (字符串 1, 字符串 2)**

其中字符串 1、字符串 2 可以是字符串常量，也可以是一维字符数组。如：

strcmp (str1, str2) ;

strcmp ("China", "English") ;

strcmp (str1, "beijing");

功能：比较二个字符串的大小。

如果字符串 1> 字符串 2，则函数大于 0；如果字符串 1= 字符串 2，则函数值为 0；如果字符串 1< 字符串 2，则函数值小于 0。

2）拷贝字符串函数

格式：**strcpy (字符数组 1, 字符串)**

其中字符串可以是字符串常量，也可以是字符数组。

如：char c[30];

strcpy (c,"Good morning") ;

功能：将“字符串”完整地复制到“字符数组 1”中，字符数组 1 中原有内容被覆盖。

例 4.8 输入三个同学的姓名，按 ASCII 码从大到小的顺序排序。

```
#include <stdio.h>
#include <string.h>        /* 因为用到 strcmp () 和 ctrcpy () 函数 */
main ()
{ char name1[10], name2[10], name3[10];
  char tt[20];
  printf (" 请输入姓名 :\n") ;
  gets (name1) ;
  gets (name2) ;
  gets (name3) ;
  if ( strcmp (name1, name2) <0)
     { strcpy (tt, name1) ; strcpy (name1, name2) ; strcpy (name2, tt) ; }
  if ( strcmp (name1, name3) <0)
     { strcpy (tt, name1) ; strcpy (name1, name3) ; strcpy (name3, tt) ; }
  if ( strcmp (name2, name3) <0)
     {strcpy (tt, name2) ; strcpy (name2, name3) ; strcpy (name3, tt) ; }
printf (" 输出的姓名为 :\n") ;
puts (name1) ;
puts (name2) ;
puts (name3) ; }
```

程序执行结果如图 4.14 所示。

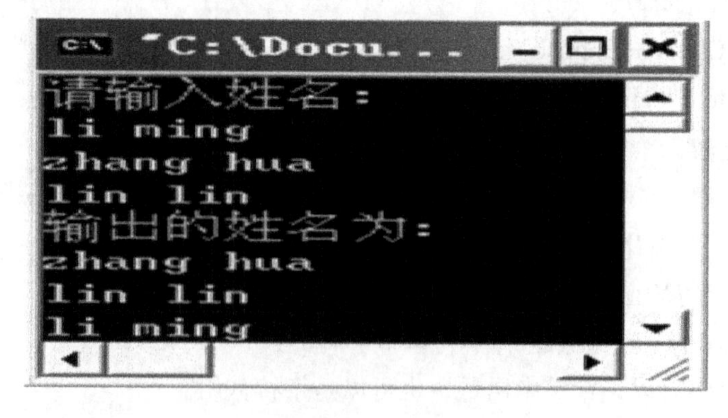

图 4.14 例 4.8 运行结果

3）求字符串的长度 strlen (str)

功能：统计 str 为起始地址的字符串的长度（不包括“字符串结束标志”），并将其作为函数值返回。

例 l=strlen ("abcd")；l 的值为 4。

4）字符串连接函数 strcat (str1, str2)

功能：将 str2 字符串连接到 str1 字符串的后面。从 str1 原来的 '\0'（字符串结束标志）处开始连接。

注意事项：

① str1 一般为字符数组，要有足够的空间，以确保连接字符串后不越界；

② str2 可以是字符数组名、字符串常量或指向字符串的字符指针（地址）。

例 char str1[20]="abcd", str2[10]= "ef";

strcat (str1, str2)；

puts (str1)；

输出结果：abcdef

任务 3　统计学生期末成绩总分及平均分

知识目标	掌握二维数组的定义、初始化 掌握二维数组的应用
能力目标	能应用二维数组管理学生的多门课程成绩 调试运行 C 程序
素质目标	培养学生对新事物的接受能力 培养学生自我学习的能力
重点内容	二维数组的定义及初始化 二维数组的应用
难点内容	应用二维数组管理学生成绩内容

4.3.1 任务描述

计算机应用技术班有 30 个学生，期末参加了三门课的考试，现要求输出按总成绩的高低排序的成绩单。成绩单的格式如下：

排序	姓名	课 1	课 2	课 3	总分	平均分
1	张三	98	87	88	273	91
2	李四	96	86	88	270	90

4.3.2 任务实现

为了在程序运行时方便，假设只有 5 个学生。

```
#include <stdio.h>
#include <string.h>
#define N 5
main ()
{
  int i, j;
  int score [N][3], t;
  char name[N][10], nn[10];
  float sum[N]={0}, avg[N];     // 每个同学的总分及平均分
  printf (" 请输入五个同学三门课的成绩 :\n") ;
  /* 输入记录 */
  for (i=0; i<N; i++)
   { printf (" 第 %d 个同学的记录 :", i+1) ;
     scanf ("%s", name[i]) ;
     for (j=0; j<3; j++)
       scanf ("%d", &score[i][j]) ; }
/* 计算每个同学的总分与平均分 */
for (i=0; i<N; i++)
  { for (j=0; j<3; j++)
    sum[i]=sum[i]+score[i][j];
    avg[i]=sum[i]/3.0; }
/* 排序成绩 */
for (i=0; i<N-1; i++)
  for (j=0; j<N-1-i; j++)
    if (sum[j]<sum[j+1])
     { t=sum[j]; sum[j]=sum[j+1]; sum[j+1]=t;
```

```
        t=avg[j]; avg[j]=avg[j+1]; avg[j+1]=t; // 这个同学的所有数据都要交换
        t=score[j][0]; score[j][0]=score[j+1][0]; score[j+1][0]=t;
        t=score[j][1]; score[j][1]=score[j+1][1]; score[j+1][1]=t;
        t=score[j][2]; score[j][2]=score[j+1][2]; score[j+1][2]=t;
        strcpy (nn, name[j]) ; strcpy (name[j], name[j+1]) ; strcpy (name[j+1], nn) ;
    }
  printf ("————————————————————————————————————————————\n") ;
  printf (" 输出排序后五个同学三门课的成绩 :\n") ;
  printf ("————————————————————————————————————————————\n") ;
  printf (" 排序 \t 姓名 \t 课 1\t 课 2\t 课 3\t 总分 \t 平均分 \n") ;
  for (i=0; i<N; i++)
   { printf (" 第 %d 名 :\t", i+1) ;
     printf ("%s\t", name[i]) ;
     for (j=0; j<3; j++)
       printf ("%d\t", score[i][j]) ;
     printf ("%.0f\t%.1f\t", sum[i], avg[i]) ;
     printf ("\n") ;
   }
  printf ("————————————————————————————————————————————\n") ;
}
```

程序的运行结果如图 4.15 所示。

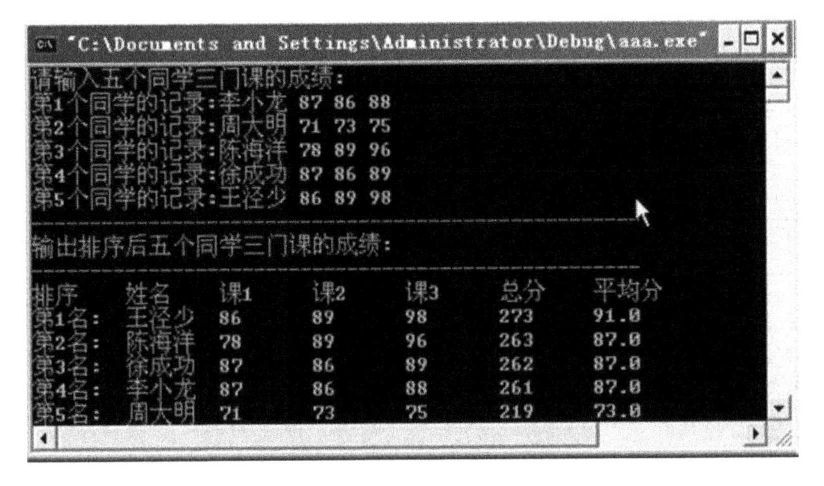

图 4.15　任务 3 执行结果

4.3.3 任务分析

本任务要解决姓名的输入 / 输出，这个在任务 2 中已解决。同时也需输入 / 输出 30 个同学三门课的成绩，并进行相应的总分及平均分的计算。最后按总分的高低进行排序。所以将这一任务分解为两个小任务。一个是 30 个同学三门课成绩的输入 / 输出（其知识点是二维数组）；另一个是计算相应的平均分及总分并进行排序。

4.3.4 知识链接

（1）二维数组的定义及引用

1）二维数组定义

二维数组是指数组元素有两个下标的数组。二维数组可以看作是一个矩阵，用统一的数组名来标识，第一个下标表示行，第二个下标表示列。

和一维数组类似，二维数组的定义也要指出数组的数据类型、数组名及其可用元素的个数等。在 C 语言中二维数组的定义语句形式如下：

类型名 数组名 [整型常量表达式 1] [整型常量表达式 2];

例如：

float b[3][3];

定义了一个二维数组 b，该数组由 9 个元素构成，其中每一个数组元素都属于实型数据。数组 b 包含的各个数据元素依次是：b[0][0], b[0][1], b[0][2], b[1][0], b[1][1], b[1][2], b[2][0], b[2][1], b[2][2]，它们在内存中的排列顺序如图 4.16 a 所示，对应关系如图 4.16 b 所示。

b[0][0]
b[0][1]
b[0][2]
b[1][0]
b[1][1]
b[1][2]
b[2][0]
b[2][1]
b[2][2]

a

	第 0 列	第 1 列	第 2 列
第 0 行	b[0][0]	b[0][1]	b[0][2]
第 1 行	b[1][0]	b[1][1]	b[1][2]
第 2 行	b[2][0]	b[2][1]	b[2][2]

b

图 4.16　二维数组对应关系

数组 b 可以看作一个矩阵，如图 4.16 b 所示，每个元素有两个下标，第一个方括号中的下标代表行号，称行下标，第二个方括号中的下标代表列号，称列下标，其中每个数据元素都可以作为单个变量使用。

关于二维数组的几点说明：

①二维数组中的每个数组元素的行和列下标的下界都是从 0 开始。

②二维数组中的每个数组元素都有两个下标，且必须分别放在单独的“[]”内。

③二维数组定义中的第 1 个下标表示该数组具有的行数，第 2 个下标表示该数组具有的列数，两个下标之积是数组元素的总个数。

④二维数组中的每个数组元素的数据类型均相同。C 语言中，二维数组中各个元素在内存中的存放规律是“以行为主序进行存储”。

⑤二维数组可以看作是由多个一维数组组成。例如：上例中的数组 b，可以看作是由三个一维数组 b[0]、b[1] 和 b[2] 组成的。

2）二维数组的初始化

对二维数组的初始化操作，可以用以下几种方法实现：

①分行给二维数组所有元素赋初值。

例如：int a[2][3]={{1, 2, 3}, {7, 8, 9}};

这种赋值方法是对数组中的元素按行逐个赋值，这样一来各行各列元素一目了然，清晰、直观，便于查错，对初学者建议使用这种方法。

②不分行给二维数组所有元素赋初值。

例如：int a[2][3]={1, 2, 3, 7, 8, 9};

用这种方法给二维数组赋初值时，如果数据过多，容易产生遗漏，而且一旦出错也不易检查。

③给二维数组所有元素赋初值，二维数组第一维的长度可以省略，但第二维的长度不能省略。

例如：int a[][3]={1, 2, 3, 7, 8, 9};

或：int a[][3]={{1, 2, 3}, {7, 8, 9}};

编译程序会根据数组元素的总个数分配存储空间，计算出行数。对于本例，已知数组元素的总个数为 6，列数为 3，所以很容易确定行数为 2。

④对部分元素赋初值。

当某行大括号中的初值个数少于该行中元素的个数时，系统将自动默认该行后面的元素值为 0。也就是说对数组元素赋值时，应该是依次逐个赋值，而不能跳过某个元素给下一个元素赋值。

例如：int a[2][3]={{1, 2}, {5}};

相当于：int a[2][3]={{1, 2, 0}, {5, 0, 0}};

3）二维数组元素的引用

定义了二维数组后，就可以引用该数组中的所有元素。需要特别指出的是，在引用数组时，要分清是对整个数组的操作还是对数组中某个元素的操作。

C语言中对二维数组元素的引用形式如下：

数组名 [下标1][下标2]

其中，下标可以是整型常量或整型表达式，也可以是已经赋值的变量。

例如，有以下定义语句：

int b[3][3], i, j;

则以下对数组元素的引用形式都是合法的：

b[0][0] 引用数组中的第一个元素；

b[1][1+1] 引用数组中的第二行的第三个元素；

b[i][j] 引用数组中第 i+1 行的第 j+1 个元素，其中 i 和 j 应同时满足是大于等于 0 且小于等于 2 的整数。

对二维数组的引用，还应注意以下几点：

①引用二维数组元素时，下标表达式 1 和下标表达式 2 一定要分别放在两个方括号内，例如对上例中 b 数组的引用不能写成：b[0, 0]、b[1, 1+1]、b[i, j]，这些都是不合法的。

②在对数组元素的引用中，每个下标表达式的值必须是整数且不得超越数组定义中的上、下界，同时下标不能是浮点数。常出现的错误是：

float a[3][4];

…

a[3][4]=5.25;

这里定义 a 为三行四列的数组，它可用的行下标最大值为 2，列下标最大值为 3，引用该数组第三行第四列的元素数时写成 a[3][4] 显然是错误的，超越了数组下标值的范围，正确的写法应该是：a[2][3]=5.25。

③数组元素可以赋值，可以输出，也就是说任何可以出现变量的地方都可以使用同类型的数组元素。

例 4.9 从一个四行五列的整型二维数组中查找第一个出现的负数。

分析：一般情况下，二维数组的遍历访问问题，可以采用双重循环来处理（行为外循环，列为内循环）。算法要点如下：

①用两层嵌套的 for 循环来遍历数组元素，判断是否为负数。

②当找到第一个负数时就应该退出循环。

程序如下：

```
main ()
{
int i, j, num[4][5];
printf ("Enter 20 integers:\n") ;
for (i=0; i<4; i++)
  for (j=0; j<5; j++)
    scanf ("%d", &num[i][j]) ;  /* 给数组元素逐个赋值 */
 for (i=0; i<4; i++)
    {for (j=0; j<5; j++)
          if (num[i][j]<0)
          { printf ("minus number num[%d][%d]:%d\n", i, j, num[i][j]) ;
               break; }
    break ; }
  getch () ;
}
```

程序执行后，输出结果如图 4.17 所示。

图 4.17　例 4.9 运行结果

例 4.10　编写程序，计算两个矩阵相乘得到的第三个矩阵，并打印计算结果。

分析：A 矩阵为 i 行 k 列，B 矩阵为 k 行 j 列，A、B 两个矩阵相乘，要求 A 矩阵的列数与 B 矩阵的行数相同，得到的第三个矩阵 C 应为 i 行 j 列，A、B 两个矩阵的值是用双重循环从键盘输入的，矩阵 C 中的元素 C_{mn} 的值为：

$C_{mn}=\sum A_{ml}*B_{ln}$ (m、n、l 的值分别为 0 至 i−1, j−1, k−1)

程序如下：

```
#include <stdio.h>
main ()
```

```
{
  int i, j, k;
  int A[4][3], B[3][5], C[4][5]={0};
  printf ("Please Input A[4*3]:\n") ;
  for (i=0; i<4; i++)
     for (j=0; j<3; j++)
           scanf ("%d", &A[i][j]) ;
   printf ("Please Input B[3*5]:\n") ;
   for (i=0; i<3; i++)
     for (j=0; j<5; j++)
           scanf ("%d", &B[i][j]) ;
   printf ("A*B=\n") ;
   for (i=0; i<4; i++)
     { for (k=0; k<5; k++)
            { for (j = 0; j < 3; j + + )
             c[i][k] + = A[i][j]*B[j][k];
  printf ("%6d", C[i][k]) ; }
  printf ("\n") ;
   }
}
```

程序执行后，输出结果如图 4.18 所示。

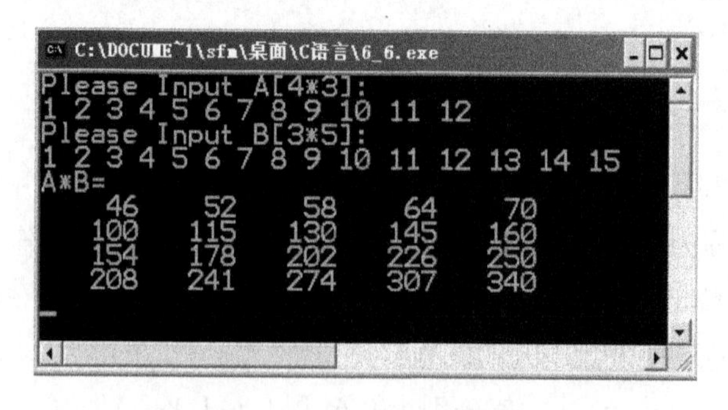

图 4.18　例 4.10 运行结果

(2) 二维字符数组

1) 二维字符数组的定义

char str[10][8]

定义一个二维数组 str，共有 10 行 8 列共 80 个元素。

2）二维字符数组的初始化

char s1[3][3]={{'a', 'b', 'c'}, {'d', 'e', 'f'}, {'1', '2', '3'}};

即

$$\begin{bmatrix} a & b & c \\ d & e & f \\ 1 & 2 & 3 \end{bmatrix}$$

char s1[3][3]={"abcdef123"};

3）二维字符数组的引用

输入 / 输出二维字符数组中第 i 行 (假设 i=2)。

方法一：

```
char name[10][12];
gets (name[2]) ;
puts (name[2]) ;
```

方法二：

```
char name[10][12];
scanf ("%s", name[2]) ;
printf ("%s", name[2]) ;
```

意思是：输入 / 输出二维字符数组中第 2 行的值。

注意：gets (name[2]) ; 与 scanf ("%s", name[2]) ; 输入时有些不一样。

```
gets (name[2]) ;
printf ("%s\n", name[2]) ;
```

程序运行时输入 zhang ming，则输出 zhang ming，如图 4.19 所示。

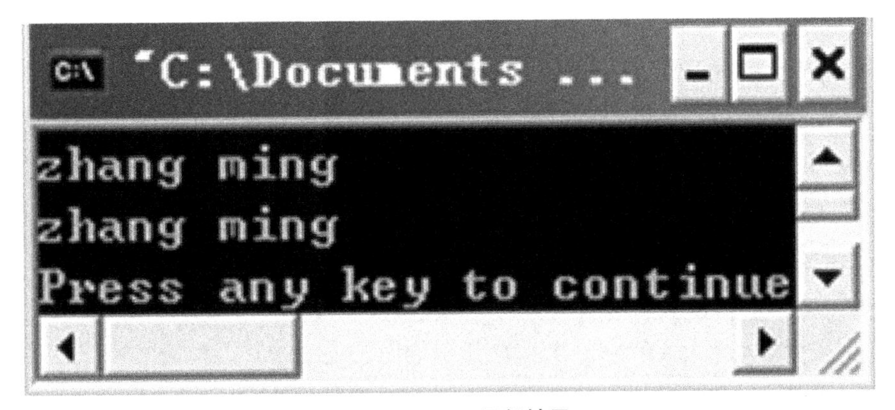

图 4.19　gets 运行结果

scanf ("%s", name[2]) ;

printf ("%s\n", name[2]) ; 则程序运行时输入 zhang ming，输出 zhang，如图 4.20 所示。

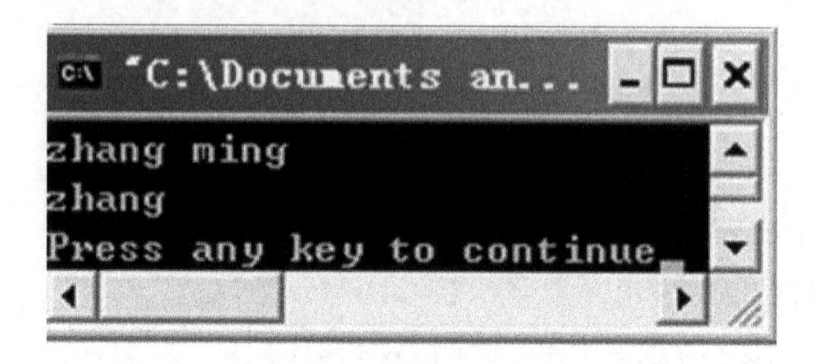

图 4.20　scanf 运行结果

习题四

一、选择题

1. 以下合法的数组定义是（　）。

   A. int a[]="string";　　　　B. int a[5]={0, 1, 2, 3, 4, 5};

   C. char a="string";　　　　D. char a[]={0, 1, 2, 3, 4, 5};

2. 下列程序的输出结果是（　）。

```
main ()
{  int  a[5]={1, 2, 3, 4, 5};
   int i;
   for (i=1; i<5; i++)
        printf ("%d", a[i]) ;
}
```

   A. 1 2 3 4　　　　B. 2 3 4 5

   C. 1 2 3 4 5　　　　D. 2 3 4 5 0

3. 若有以下数组定义：

   int a[10]={1, 2, 3, 4, 5, 6, 7, 8, 9, 10};

   则关于语句 printf ("%d", a[10]) ; 正确的说法是（　）。

   A. 正确执行并输出 10　　　　B. 能够执行但输出 0

   C. 语法错误，不能执行　　　　D. 虽然能够执行，但输出结果不确定

4. 以下程序段的输出结果是（　）。

```
main ()
{ char s[]="the is a string";
  printf ("%d", sizeof (s) ) ;
}
```

A. 15　　B. 16

C. 语法错，无结果　　D. 14

5. 以下程序的执行结果是（　）。

```
main ()
{ int a[3][3], i, j;
  for (i=0; i<2; i++)
    for (j=0; j<2; j++)
       a[i][j]=i+j;
   printf ("%d", a[i][j]) ;
}
```

A. 4　　B. 6

C. 0　　D. 不确定

6. 关于数组定义，以下说法不正确的是（　）。

A. 定义数组时，可以只为其中的部分元素赋值

B. 二维数组在定义时只能省略第一维的长度

C. 二维数组在定义时不能省略的是第一维的长度

D. 局部数组在定义时也可以赋初值

7. 给出以下定义：

```
Char x[]="string";
Char y[]={'s', 't', 'r', 'i', 'n', 'g'};
```

则以下正确的叙述为（　）。

A. 数组 x 与 y 等价　　B. 数组 x 与 y 长度相同

C. 数组 x 长度大于 y 的长度　　D. 数组 x 长度小于 y 的长度

8. 以下程序输出的结果是（　）。

```
main ()
{  int i, k, a[10], p[3];
   k=5;
   for (i=0; i<10; i++)  a[i]=i;
   for (i=0; i<3; i++)  p[i]=a[i* (i+1) ];
```

```
    for (i=0; i<3; i++)  k+= p[i]*2;
    printf ("%d\n", k) ;
}
```

A. 20　　　　B. 21

C. 22　　　　D. 23

二、请写出以下程序运行的结果

```
1. main ()
{ int  a[8], i, j, k=20;
  i=0;
  do
  { a[i]=k%2;
    k=k/2;
    i++;
  } while (k>=1) ;
  for (j=i−1; j>=0; j−−) printf ("%d", a[j]) ;
}
```

```
2. main ()
{ int a[3][3]={{1, 2}, {3, 4}, {5, 6}}, i, j,  s=0;
  for (i=1; i<3; i++)
  for (j=0; j<=1; j++)
        s+=a[i][j];
  printf ("%d\n", s) ;
}
```

```
3. #include <stdio.h>
   #include <string.h>
   main ()
   { int i;
     char str[10], temp[10];
     gets (temp) ;
     for (i=0; i<4; i++)
     {
         gets (str) ;
```

```
        if (strcmp (temp, str) <0)
            strcpy (temp, str) ;
    }
  printf ("%s\n", temp) ;
}
```

上述程序运行后，如果从键盘上输入：

C++

BASIC

QuickC

Ada

Pascal

则输出结果是什么？

三、编写程序

1. 编写一个班级成绩统计程序，要求：

(1) 读入全班学生的 4 门成绩，并计算每个人的平均成绩；

(2) 统计班级各门课程的平均分。

2. 有一个数组，内放 10 个数，编程找出其中最小的数及其下标。

3. 求一个 4×4 矩阵的对角线元素之和。

项目五

基于函数实现学生成绩汇总

学习情境

一个班有30位学生（分成五个组，每个组的人数可以不一样）参加了期终考试（考了三门课，分别是数学、语文、英语），统计以下信息：

1. 统计小组一门课程的总分及平均分；
2. 统计小组若干门课程的总分及平均分；
3. 输出排序后小组三门课成绩单。

学习目标

掌握函数的定义、调用方法；

掌握函数参数的传递方法；

掌握函数的嵌套调用；

掌握数组作为函数参数定义调用方法。

任务1　统计小组一门课程的总分及平均分

知识目标	熟练掌握函数定义的一般格式 掌握函数调用的基本方法
能力目标	学会应用函数求得一门课程的总分 学会模块化程序的设计方法
素质目标	培养学生对新事物的接受能力 培养学生自我学习的能力
重点内容	函数的定义和调用
难点内容	函数的调用

5.1.1 任务描述

一个班有30位学生（分成五个组，每个组人数可以不一样）参加了期终考试（考了三门课，分别是数学、语文、英语），利用函数实现：求小组一门课程的总分及平均分。

5.1.2 任务实现

```
#include <stdio.h>
void ppp ()
{ printf ("------------------------------------------\n") ;
}
 float avg1 (int n)
{  int x, i;
   float s=0;
   ppp () ;
   printf (" 请输入本小组的考试成绩 \n") ;
   for (i=1; i<=n; i++)
   {  scanf ("%d", &x) ;
      s+=x;
   }
 return s;
 }
 main ()
 {
   int k, n, km;
   float sum, average;
   char ch;
   ppp () ;
   printf ("\t 班级成绩统计 \n") ;
   ppp () ;
   printf ("1、统计小组一门课程的总分及平均分 \n", n) ;
   printf ("2、统计小组若干门课程的总分及平均分 \n") ;
   printf ("3、输出小组排序后三门课程的成绩单 \n") ;
   printf (" 请输入 1 ~ 3 之间的一个数 :") ;
```

```
    scanf ("%d", &k) ;
    ppp () ;
    if (k==1)    /* 本任务完成第 1 部分内容 */
    { printf (" 请输入统计的小组的人数 n=") ;
      scanf ("%d", &n) ;
      ppp () ;
      sum=avg1 (n) ;   average=sum/n;
      printf (" 本小组的总分 =%.0f\t 平均分 =%.1f\n", sum, average) ;
      ppp () ;
    }
}
```

程序运行结果如图 5.1 所示。

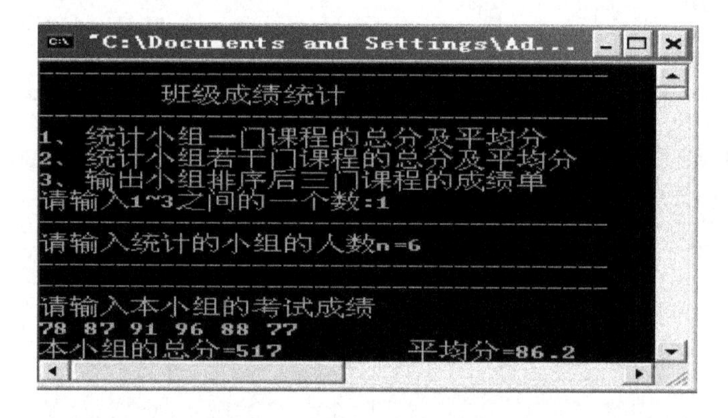

图 5.1　任务 1 执行结果

5.1.3　任务分析

主函数的功能是设计一个菜单，由所选择的菜单调用相应的函数，但为了界面清晰，所以程序的执行过程中多次用一条线划界。所以问题就归结为制作一条线的函数及求一门课程的总分及平均分函数。

5.1.4　知识链接

在项目一中已经介绍过，C 语言源程序是由函数组成的，虽然在前面各项目的程序中都只有一个主函数 main ()，但实用程序往往由多个函数组成。

函数是 C 语言源程序的基本模块，通过对函数模块的调用实现特定的功能。C

语言中的函数相当于其他高级语言的子程序。C语言不仅提供了极为丰富的库函数（如Turbo C，MS C都提供了三百多个库函数），还允许用户建立自己定义的函数。用户可把具有一定功能或重复操作的代码编成一个个相对独立的函数模块，然后用调用的方法来使用函数。

可以说C程序的全部工作都是由各式各样的函数完成的，所以也把C语言称为函数式语言。由于采用了函数模块化的结构，C语言易于实现结构化程序设计，使程序的层次结构清晰，便于程序的编写、阅读、调试。

（1）函数分类

在C语言中可从不同的角度对函数分类。

1）按函数定义分

从函数定义的角度分，函数可分为库函数和用户自定义函数两种。

①库函数

由C系统提供，无须用户定义，也不必在程序中作类型说明，只需在程序前包含有该函数原型的头文件即可在程序中直接调用。例如在前面各章的例题中反复用到的printf、scanf、getchar、putchar等输入输出函数，需在程序前加#include <stdio.h>；gets、puts、strcat、strcpy、strlen等字符串处理函数，需在程序前加#include <string.h>，而数学函数则需在程序前加#include <math.h>，有关库函数包含的头文件参见附录D——C语言中的头文件。

②用户自定义函数

由用户按需要编写的函数称为自定义函数。对于用户自定义函数，不仅要在程序中定义函数本身，而且在主调函数模块中还必须对该被调函数进行类型说明，然后才能使用。

2）按函数功能分

C语言的函数兼有其他语言中函数和过程两种功能，从这个角度分，又可把函数分为有返回值函数和无返回值函数两种。

①有返回值函数

此类函数被调用执行完后将向调用者返回一个执行结果，称为函数返回值。如数学函数即属于此类函数。由用户定义的这种有返回函数值的函数，必须在函数定义和函数说明中明确返回值的类型。

②无返回值函数

此类函数用于完成某项特定的处理任务，执行完成后不向调用者返回函数值。这类函数类似于其他语言的过程。由于函数无须返回值，用户在定义此类函数时可指定它的返回为“空类型”，空类型的说明符为“void”。

3）按调用类型分

从调用和被调用角度分函数又可分为主调函数和被调函数两种。

①主调函数

调用其他函数的函数称为主调函数。

②被调函数

被其他函数调用的函数称为被调函数。

4）按数据传送类型分

从主调函数和被调函数之间数据传送的角度分又可分为无参函数和有参函数两种。

①无参函数

函数定义、函数说明及函数调用中均不带参数。主调函数和被调函数之间不进行参数传送。此类函数通常用来完成一组指定的功能，可以返回或不返回函数值。

②有参函数

也称为带参函数，在函数定义及函数说明时都有参数，称为形式参数（简称形参）。在函数调用时也必须给出参数，称为实际参数（简称实参）。进行函数调用时，主调函数把实参的值传送给形参，供被调函数使用。

(2) 函数定义

在C语言中，所有的函数定义，包括主函数 main 在内，都是平行的。也就是说，在一个函数的函数体内，不能再定义另一个函数，即不能嵌套定义。但是函数之间允许相互调用，也允许嵌套调用。习惯上把调用者称为主调函数，把被调用者称为被调函数。函数还可以自己调用自己，称为递归调用。

main 函数是主函数，它可以调用其他函数，而不允许被其他函数调用。因此，C 语言程序的执行总是从 main 函数开始，完成对其他函数的调用后再返回到 main 函数，最后由 main 函数结束整个程序。一个 C 源程序必须有，且只能有一个主函数 main 函数。

函数定义的一般形式：

```
类型说明符函数名（形式参数列表）   /* 函数首部 */
{                /* 函数体 */
类型说明部分
执行语句部分
}
```

其中类型说明符和函数名所在的行称为函数首部。类型说明符指明了函数的类型，函数的类型实际上是函数返回值的类型。函数名是由用户定义的标识符，函数名后有一个小括号，其中可以没有参数，但括号不能少。大括号 {} 中的内容称为函数体。在函数体中也有类型说明，这是对函数体内部所用到的变量的类型说明。假若函数没有返回值，此时函数类型符可以写为 void。

例 5.1　定义一个无参函数，且函数没有返回值。

```
void Hello ()
{
    printf ("Hello, everyone! \n") ;
}
```

这里，只把 main 改为 Hello 作为函数名，其余不变。Hello 函数是一个无参函数，当被其他函数调用时，输出“Hello, everyone! ”字符串。

有参函数比无参函数多形式参数表，在形参表中给出的参数称为形式参数，它们可以是各种类型的变量，各参数之间用逗号间隔。在进行函数调用时，主调函数将赋予这些形式参数实际的值。形参既然是变量，当然必须给以类型说明，而且每个变量都要有自己独立的类型说明，不能省略。

例 5.2　定义一个函数，用于求两个数中的大者。

```
int max (int a, int b)
{
    if (a>=b) return a;
    else return b;
}
```

第一行说明 max 函数是一个整型函数，其返回的函数值是一个整数，形参为 a、b，类型均为整型数据，参数 a、b 的值是由主调函数在调用时传送过来的。在大括号 {} 中的函数体内，除形参外没有使用其他变量，因此只有语句部分而没有变量说明部分。

在 max 函数体中的 return 语句是把 a（或 b）的值作为函数的值返回给主调函数，有返回值的函数中至少应有一个 return 语句。

在 C 语言程序中，一个函数的定义可以放在任意位置，既可放在主函数 main 之前，也可放在 main 之后。

例 5.3　自定义函数放在主函数之前。

```
int max (int a, int b)
{
    if (a>=b) return a;
```

```
    else return b;
    }
    void main ()
    {
      int max (int a, int b) ;   /* 该行可省略 */
      int x, y, z;
      printf ("input two numbers:") ;
      scanf ("%d%d", &x, &y) ;
      z=max (x, y) ;
      printf ("max=%d", z) ;
      getch () ;
  }
```

（3）函数调用

1）函数调用的一般形式

C语言中，函数调用的一般形式为：

函数名（实际参数表）

对无参函数调用时则无实际参数表。实际参数表中的参数可以是常数、变量或其他构造类型数据及表达式，各实参之间用逗号分隔。

现在我们可以从函数定义、函数说明及函数调用的角度来分析例 5.3，从而进一步了解函数的各种特点。程序的第 1 行至第 5 行为 max 函数定义。进入主函数后，因为要调用 max 函数，故先对 max 函数进行说明（程序第 8 行）。函数定义和函数说明并不是一回事，在后面还要专门讨论。可以看出函数说明与函数定义中的函数头部分相同，但是末尾要加分号。程序第 12 行为调用 max 函数，并把 x、y 中的值传送给函数 max 的形参 a、b。max 函数执行的结果（a 或 b）返回给变量 z，最后由主函数输出 z 的值。

在程序中是通过对函数的调用来执行函数体的，其执行过程与主函数函数体的执行相似。

2）函数调用方式

在C语言中，可以用以下几种方式调用函数。

①函数表达式

函数作为表达式中的一项出现在表达式中，以函数返回值参与表达式的运算，这种方式要求函数是有返回值的。

例如：z=max(x, y) 是一个赋值表达式，把 max 的返回值赋予变量 z。

②函数语句

函数调用的一般形式加上分号即构成函数语句。

例如：printf ("%d", a) ; scanf ("%d", &b) ; 都是以函数语句的方式调用函数。

③函数实参

函数作为另一个函数调用的实际参数出现，这种情况是把该函数的返回值作为实参进行传送，因此要求该函数必须是有返回值的。

例如：printf ("%d", max (x, y)) ; 即是把 max 的返回值又作为 printf 函数的实参来使用的。

3）函数的参数和函数的值

①函数的参数

前面已经介绍过，函数的参数分为形参和实参两种。在本知识点分析中，进一步介绍形参、实参的特点和两者的关系。

形参出现在函数定义中，在整个函数体内都可以使用，离开该函数则不能使用。实参出现在主调函数中，进入被调函数后，实参变量也不能使用。发生函数调用时，主调函数把实参的值传送给被调函数的形参，从而实现主调函数向被调函数的数据传递。

函数的形参和实参具有以下特点：

a. 形参变量只有在被调用时才分配内存单元，在调用结束时，即释放所分配的内存单元。因此，形参只有在函数内部有效，函数调用结束返回主调函数后则不能再使用该形参变量。

b. 实参可以是常量、变量、表达式、函数等，无论实参是何种类型的量，在进行函数调用时，它们都必须具有确定的值，以便把这些值传送给形参。因此应预先用赋值、输入等办法使实参获得确定值。

c. 实参和形参在数量上、类型上、顺序上应严格一致，否则会发生“类型不匹配”等错误。

d. 函数调用中发生的数据传递是单向的。即只能把实参的值传送给形参，而不能把形参的值反向地传送给实参。因此在函数调用过程中，形参的值发生改变，而实参中的值不会变化，即参数值的单向传递。

例 5.4　参数值的单向传递。

```
void main ()
{
  int n;
```

```
    printf ("input number: ");
    scanf ("%d", &n);
    printf (" (1) n=%d\n", n);
    fun (n);
    printf (" (3) n=%d\n", n);
    }
    int fun (int n)
    {
      int i;
      for (i=n-1; i>=1; i--)
      n=n+i;
      printf (" (2) n=%d\n", n);
      getch ();
  }
```

程序执行后，输出结果如图 5.2 所示。

图 5.2　例 5.4 运行结果

本程序中定义了一个函数 fun，该函数的功能是求 $\sum_{i=1}^{n} i$ (i =1,…, n) 的值。在主函数中输入 n 的值 10，并作为实参，在调用时传送给 fun 函数的形参量 n（注意，本例的形参变量和实参变量名都为 n，但这是两个不同的量，各自的作用域不同）。在主函数中用 printf 语句输出一次 n 的值，这个 n 值是实参 n 的值 10。在函数 fun 中也用 printf 语句输出了一次 n 的值，这个 n 值是形参最后得到的 n 值。从运行情况看，输入 n 的值为 10，即实参 n 的值为 10，把此值传给函数 fun 时，形参 n 的初值也为 10，fun 函数在执行过程中，形参 n 的值逐步改变，最后变为 55，返回主函数之后，输出实参 n 的值仍为 10。可见实参的值不随形参的变化而变化。

②函数的值

函数的值是指函数被调用之后，执行函数体中的程序段所取得的并返回给主调函数的值。如调用绝对值函数取得的绝对值，调用例 5.2 的 max 函数取得的最大值等。

对函数的值 (或称函数返回值) 说明如下：

a. 函数的值只能通过 return 语句返回给主调函数。

return 语句的一般形式为：

return 表达式 ;

或者为：

return （表达式）;

该语句的功能是把表达式的值返回给主调函数。在函数中允许有多个 return 语句，但每次调用只能有一个 return 语句被执行，因此只能返回一个函数值。

b. 函数值的类型和函数定义中函数的类型应保持一致。如果两者不一致，则以函数定义类型为准，自动进行类型转换。

c. 如函数值为整型，在函数定义时可以省去类型说明。

d. 不返回函数值的函数，可以明确定义为“空类型”，类型说明符为“void”。函数体中可以没有 return 语句，也可以有 return 语句，如果有 return 语句一定不要加表达式，即应写成“return;”。

如例 5.4 中函数 fun 并不向主函数返函数值，因此可定义为：

```
void fun (int n)
{
  ……
  return;
}
```

一旦函数被定义为空类型后，就不能在主调函数中使用被调函数的函数值了。例如，在定义 fun 为空类型后，在主函数中写下述语句 sum=fun (n) ; 就是错误的。为了使程序有良好的可读性并减少出错，凡不要求返回值的函数都应定义为空类型。

③函数声明

假若函数调用在前，函数定义在后，在主调函数中调用某函数之前应对该被调函数进行说明，这与使用变量之前要先进行变量说明是一样的。在主调函数中对被调函数做说明的目的是使编译系统知道被调函数返回值的类型，以便在主调函数中按此种类型对返回值作相应的处理。

对被调函数说明的一般形式为：

类型说明符被调函数名 (类型形参 , 类型形参…) ;

或为：

类型说明符被调函数名 (类型 , 类型…) ;

括号内给出了形参的类型和形参名，或只给出形参类型。这便于编译系统进行检错，以防止可能出现的错误。

例 5.3 main 函数中对 max 函数的说明可写为：

int max (int a, int b) ;

或写为：

int max (int, int) ；

C 语言中又规定在以下几种情况时可以省去主调函数中对被调函数的函数说明：

a. 如果被调函数的返回值是整型或字符型时，可以不对被调函数作说明，而直接调用。这时系统将自动对被调函数返回值按整型处理。例 5.4 的主函数中未对函数 fun 作说明而直接调用即属此种情形。

b. 当被调函数的函数定义出现在主调函数之前时，在主调函数中也可以不对被调函数再作说明而直接调用。例如，在例 5.3 中把函数 max 的定义放在 main 函数之前，因此可在 main 函数中省去对 max 函数的说明 int max (int a, int b) 。

c. 如果在所有函数定义之前，在函数外预先对各个函数进行说明，则在以后的各主调函数中，可以不再对被调函数作说明。

例如：

```
char fun1 (int a) ;
float fun2 (float b) ;
main ()
{
  ……
  fun1 (10) ;
  }
    char fun1 (int a)
  {
    ……
    fun2 (a) ;
  }
  float fun2 (float b)
  {
  ……
}
```

上段程序的第一行、第二行对 fun1 函数和 fun2 函数预先做了说明，因此在以后各函数中无须对 fun1 和 f un2 函数再做说明就可直接调用。

d. 对库函数的调用不需要函数说明，但必须把包含该函数的头文件用 include 命令包含在源文件前部。

任务 2　统计小组若干门课程的总分及平均分

知识目标	了解函数定义的一般格式 熟练掌握函数定义的一般格式 掌握嵌套函数的应用
能力目标	能应用函数的嵌套来统计小组的若干门课程的总分及平均分 调试运行 C 程序
素质目标	培养学生对新事物的接受能力 培养学生自我学习的能力
重点内容	函数的嵌套 函数的递归
难点内容	应用函数嵌套解决实际问题

5.2.1　任务描述

一个班有 30 位学生（分成五个组，但每个组的人数不一样）参加了期终考试（考了三门课，分别是数学、语文、英语），请用函数实现：求小组若干门课程的总分及平均分。

5.2.2　任务实现

```
#include <stdio.h>
/* 输出线条函数 */
ppp ()
{printf ("------------------------------------------\n");
}
/* 某个小组若干门课程的平均分与总分函数 */
void avgevery (int n, int km)
{ int x, i, j;
```

```
float s, avg;
for (j=1; j<=km; j++)
{ s=0;
  printf (" 请输入本小组第 %d 门考试成绩 \n", j) ;
  ppp () ;
  for (i=1; i<=n; i++)
      { scanf ("%d", &x) ;
        s+=x;
      }
  avg=s/n;
  printf (" 第 %d 课程的总分 =%.0f\t 平均分 =%.1f\n", j, s, avg) ;
  ppp () ;
}
}
main () /* 主函数 */
{
int k, n, km;
float sum, average;
char ch;
ppp () ;
printf ("\t 班级成绩统计 \n") ;
ppp () ;
printf ("1、统计小组一门课程的总分及平均分 \n", n) ;
printf ("2、统计小组若干门课程的总分及平均分 \n") ;
printf ("3、输出小组排序后三门课程的成绩单 \n") ;
printf (" 请输入 1 ~ 3 之间的一个数 :") ;
scanf ("%d", &k) ;
ppp () ;
if (k==2)     /* 本任务完成第 2 部分内容 */
{ printf (" 请输入统计的小组的人数 n=") ;
  scanf ("%d", &n) ;
  ppp () ;
  printf (" 请输入要统计的课程门数 km=") ;
```

```
    scanf ("%d", &km) ;
    ppp () ;
    avgevery (n, km) ;
  }
}
```

程序运行结果如图 5.3 所示 。

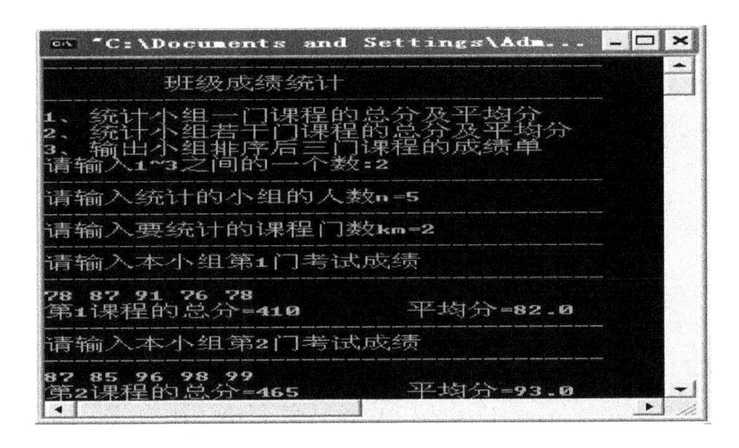

图 5.3　任务 2 执行结果

5.2.3　任务分析

主函数的功能是设计一个菜单，由所选择的菜单调用相应的函数，但为了界面清晰，所以在程序的执行过程中出现：求小组的若干门成绩的平均分及总分的函数又调用了一条线的函数 ppp () 。

5.2.4　知识链接

（1）函数的嵌套调用

C 语言中不允许函数嵌套定义，因此各函数之间是平行的，但是 C 语言允许在一个函数的定义中出现对另一个函数的调用。这样就出现了函数的嵌套调用，即在被调函数中又调用其他函数。图 5.4 是一个函数嵌套调用的示意图。

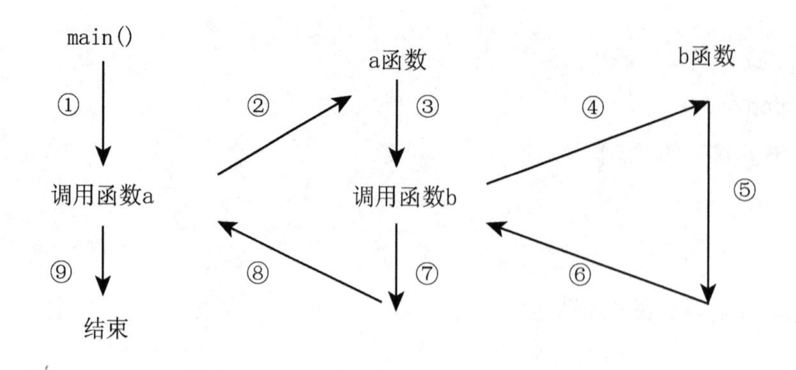

图 5.4　函数嵌套调用的示意图

在该示意图中，程序从主函数 main () 开始执行，遇到被调用函数 a 时，转去执行函数 a，在执行函数 a 的过程中，又遇到被调用函数 b，又转去执行函数 b，当函数 b 执行完成时，返回到函数 a 的调用点继续执行，当函数 a 执行完成时，又返回到 main () 函数的调用点继续执行，直到整个程序结束。

例 5.5　计算 $sum=2^3!+3^3!+4^3!$

分析：本题可编写两个函数，一个是用来计算 3 次方值的函数 fun1，另一个是用来计算阶乘值的函数 fun2。主函数先调 fun1 计算出 3 次方值，再在 fun1 中以 3 次方值为实参，调用 fun2 计算其阶乘值，然后返回 fun1，再返回主函数，在循环语句中计算累加和。

```
long fun1 (int x)
{
  int k;
  long r;
  long fun2 (int n ) ;
  k=x*x*x;    /* 计算 x3 */
  r=fun2 (k) ;   /* 调用 fun2 函数，求 k！ */
  return r;
}
long fun2 (int x)  /* 求 x！ */
{
  long n=1;
  int i;
  for (i=1; i<=x; i++)
```

```
    n=n*i;
    return n;
  }
  void main ()
  {
    int i;
    long sum=0;
    for (i=2; i<=4; i++)
        sum=sum+fun1 (i) ;  /* 实现累加和 */
    printf ("\n sum=2³!+3³! +4³!=%ld\n", sum) ;
  }
```

程序运行后，结果如图 5.5 所示。

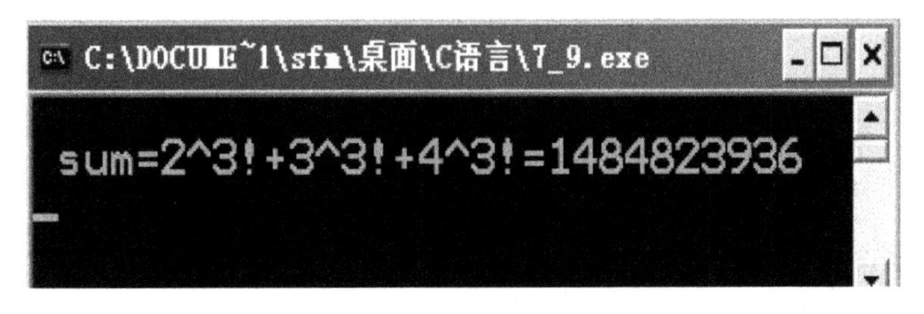

图 5.5　例 5.5 运行结果

在程序中，函数 fun1 和 fun2 均为长整型，都在主函数之前定义，故不必再在主函数中对 fun1 和 fun2 加以说明。在主程序中，for 循环依次把 i 值作为实参传递给函数 fun1 求 i^3 的值。在 fun1 中又发生对函数 fun2 的调用，这时是把 i^3 的值作为实参传递给函数 fun2，在 fun2 中完成求 $i^3!$ 的计算。fun2 执行完毕把值（$i^3!$）返回给 fun1，再由 fun1 返回给主函数实现累加。至此，由函数的嵌套调用实现了题目的要求。由于数值很大，所以函数和一些变量的类型都说明为长整型，以免造成数值越界，导致计算错误。

（2）函数的递归调用

在解决实际问题时，往往会出现将原问题不断地分解为新的子问题，而新的子问题的求解方法又是用老的方法解决，这就是递归。

C 语言中的函数可以直接或间接的调用自身，前者称为直接递归调用，后者称为间接递归调用。直接递归调用中，主调函数又是被调函数。

例如：

```
int  fun (int x)
{  int y, z;
   ……
   z=fun (y) ;
   ……
   return (z) ;
}
```

在函数 fun 中又出现了对 fun 的调用，这就是直接递归调用。

又如：

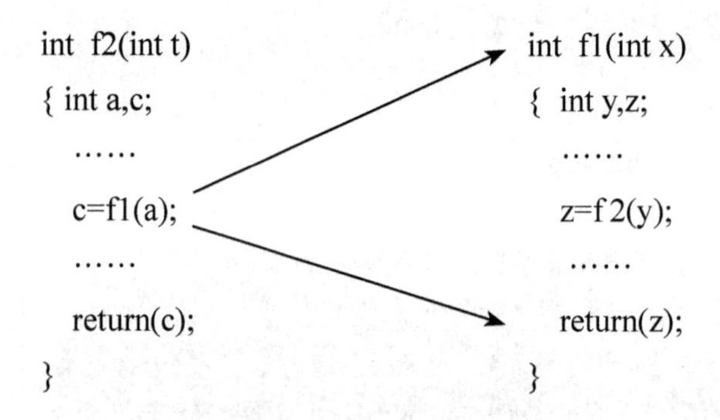

```
int  f2(int t)                    int  f1(int x)
{ int a,c;                        {  int y,z;
   ……                                ……
   c=f1(a);                          z=f 2(y);
   ……                                ……
   return(c);                        return(z);
}                                 }
```

在函数 f1 () 中调用函数 f2 ()，而在函数 f2 () 中出现了对 f1 () 的调用，这种方式就是间接递归调用。

一个问题要采用递归方法来解决时，必须符合以下三个条件：

①可以把要解的问题转化为一个新问题，而这个新问题的解法仍与原解法相同，只是所处理的对象有规律地递增或递减。

②可以应用这个转化过程使问题得到解决。

③必定要有一个明确的结束递归的条件。

下面举例说明递归调用的执行过程。

例 5.6 用递归法计算 n!。

分析：用递归法计算 n! 可用下述公式表示：

$$n! = \begin{cases} 1 \ (n=0 \ 或 \ n=1) \\ n*(n-1)! \ (n>1) \end{cases}$$

从以上表达式可以看出，当 n>1 时，求 n! 可以转化为求 n∗(n−1) ! 的新问题，而求 (n−1) ! 的解法与原来求 n! 的解法相同，只是运算对象由 n 变成了 n−1；求 (n−1)! 可以转化为求 (n−1) ∗ (n−2) ! 的新问题……每次转化为新问题时，运算对象就递减 1，直到运算对象的值递减至 1 或 0 时，阶乘的值为 1，递归不应当再进行下去，这就是求 n! 这个递归算法结束的条件。

```
long fun (int n)
{
  long  f;
  if (n==0||n==1)  return 1;
  else
  {  f= n *fun (n-1) ;
     return f;
    }
  }
void main ()
 {
  int n;
  long y;
  printf ("\ninput a integer number:") ;
  scanf ("%d", &n) ;
  if ( n<0 )
  {  printf ( "input data error! " ) ;
     return;
  }
 else
 {  y=fun (n) ;
    printf ("%d!=%ld", n, y) ;
  }
  getch () ;
 }
```

程序运行后，结果如图 5.6 所示。

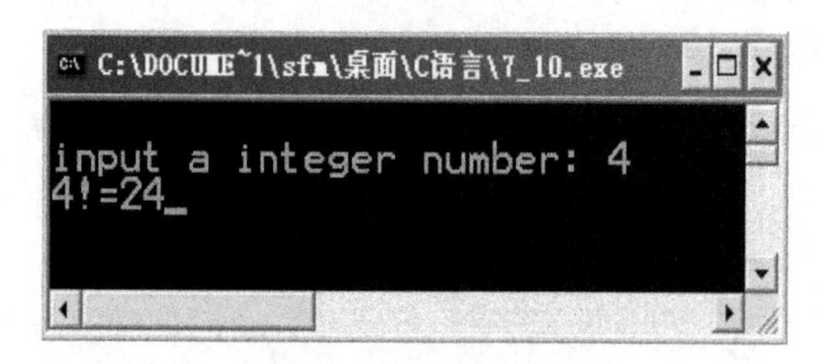

图 5.6　例 5.6 运行结果

本例中，函数 fun () 是递归函数。如果 n=4，则计算 4! 的执行过程如图 5.7 所示。

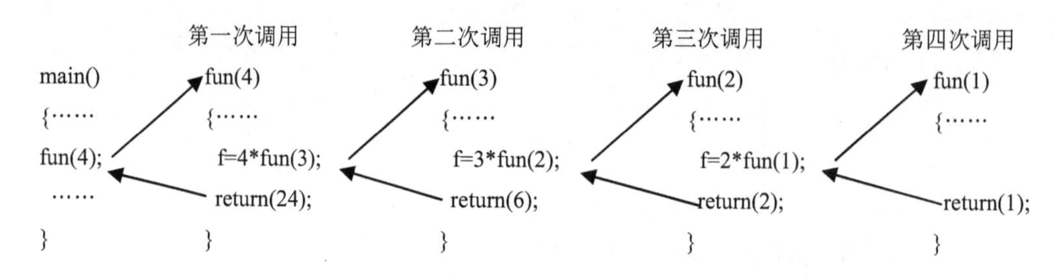

图 5.7　递归调用示意图

第一次调用时，形参接受值为 4，满足 n>1 的条件，所以执行语句“f=fun(n−1)*n;”，在执行该语句时又调用 fun (n−1)，执行 fun (3)，这是第二次调用该函数，此时 n 为 3 仍满足 n>1 的条件，所以进入第三次调用，执行 fun (2)，同理，继续进入第四次调用 fun (1)，然后返回函数值 1，至此递推阶段结束。回归阶段开始，每次返回时，函数的返回值乘以 n 的当前值，结果作为本次调用的返回值返回给上次调用中，最后返回值为 24，这就是 4! 的计算结果。

任务 3　输出排序后小组三门课成绩单

知识目标	熟练掌握数组作为参数进行传递 应用函数处理学生成绩不同的功能
能力目标	能对程序进行功能模块划分 对不同的模块进行用函数实现 调试运行 C 程序

续表

素质目标	培养学生对新事物的接受能力 培养学生自我学习的能力
重点内容	各个功能模块的划分 每个模块函数的实现
难点内容	学生成绩管理模块划分及函数的定义

5.3.1 任务描述

计算机应用技术班有 30 位学生参加了期终考试（考了三门课），请输出学生排序后的成绩单。

5.3.2 任务实现

假设本小组只有 5 个同学：

```
#include <stdio.h>
#include <string.h>
#define N 5
/* 输出线条函数 */
ppp ()
{printf ("------------------------------------------\n") ;
}
  /* 输入函数 A*/
  void input (int score[N][3], char name[N][10])
  { int i, j;
    for (i=0; i<N; i++)
        { printf (" 第 %d 个同学的姓名及三门课的成绩 :", i+1) ;
          scanf ("%s", name[i]) ;
          for (j=0; j<3; j++)
              scanf ("%d", &score[i][j]) ; }
    }
/* 计算每个同学的总分与平均分 B*/
void sumavg (int score[N][3], float sum[], float avg[])
```

```
{int i, j;
 for (i=0; i<N; i++)
    {for (j=0; j<3; j++)
         sum[i]=sum[i]+score[i][j];
     avg[i]=sum[i]/3.0; }
}
/* 排序函数 C*/
void px (int score[][3], float sum[], float avg[], char name[][10])
{int i, j;
float t;
char nn[10];
for (i=0; i<N-1; i++)
   for (j=0; j<N-1-i; j++)
     if (sum[j]<sum[j+1])
     { t=sum[j]; sum[j]=sum[j+1]; sum[j+1]=t;
       t=avg[j]; avg[j]=avg[j+1]; avg[j+1]=t; // 这个同学的所有数据都要交换
       t=score[j][0]; score[j][0]=score[j+1][0]; score[j+1][0]=t;
       t=score[j][1]; score[j][1]=score[j+1][1]; score[j+1][1]=t;
       t=score[j][2]; score[j][2]=score[j+1][2]; score[j+1][2]=t;
       strcpy (nn, name[j]) ; strcpy (name[j], name[j+1]) ; strcpy (name[j+1], nn) ; }
     }
/* 输出函数 D*/
void print (int score[ ][3], float sumr[ ], float avgr[ ], char name[ ][10])
{ int i, j;
  ppp () ;
  printf (" 输出排序后五个同学三门课的成绩 :\n") ;
  ppp () ;
  printf (" 序号 \t 姓名 \t 课1\t 课2\t 课3\t 总分\t 平均分 \n") ;
  for (i=0; i<N; i++)
  { printf ("%d:\t", i+1) ;
    printf ("%s\t", name[i]) ;
    for (j=0; j<3; j++)
         printf ("%d\t", score[i][j]) ;
```

```
            printf ("%.0f\t%.1f\t", sumr[i], avgr[i]) ;
printf ("\n") ;
}
/* 主函数 */
main ()
{  int i, j;
   int score[N][3], t;
   char name[N][10], nn[10];
   float sumr[N]={0}, avgr[N];  /* 每个同学的总分及平均分 */
   input (score, name) ;          /* 调用输入记录函数 */
   sumavg (score, sumr, avgr) ;   /* 调用计算总分与平均分的函数 */
   px (score, sumr, avgr, name) ;   /* 调用排序函数 */
   print (score, sumr, avgr, name) ; /* 调用输出函数 */
   getch () ;
}
```

程序运行后，结果如图 5.8 所示。

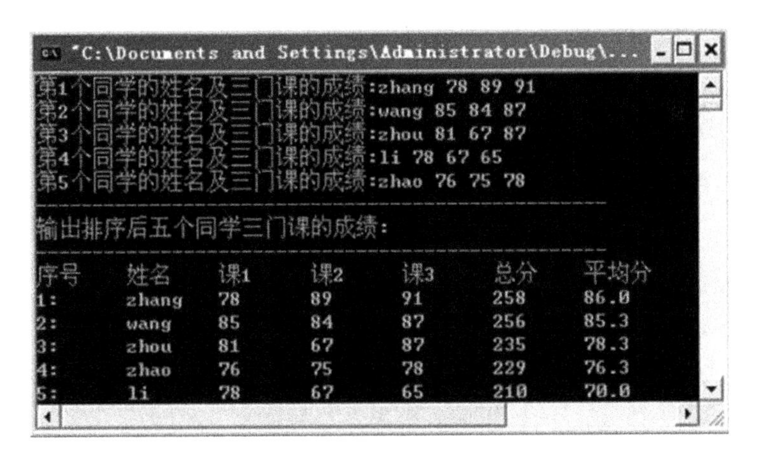

图 5.8　任务 2 执行结果

5.3.3　任务分析

本项目要完成的功能相对比较多，为了使程序的结构清晰，我们可以将些项目进行分解：A：完成三门课成绩的输入；B：计算每个同学的总分与平均分；C: 对三门课的成绩进行排序；D：输出函数；E：总负责，调用 A、B、C、D 即可。

5.3.4 知识链接

（1）数组作为函数参数

数组可以作为函数的参数使用，进行数据传送。数组用作函数参数有两种形式：一种是把数组元素作为实参传递；另一种是把数组名作为函数的实参传递。

1）数组元素作为函数实参

数组元素与普通变量并无区别，因此它作为函数实参使用与普通变量是完全相同的，在发生函数调用时，把作为实参的数组元素的值传递给形参，实现单向的值传送。例 5.5 说明了这种情况。

例 5.7 判断一个整数数组中各元素的值，若元素的值大于等于 0 则输出该值，若小于 0 则输出 −1。

程序如下：

```
void fun (int x)
{
  if (x<0)   x= -1;
  printf ("%d  ", x ) ;
}
void main ()
{
  int a[5], i;
  printf ("input 5 numbers：" ) ;
  for (i=0; i<5; i++)
  {
    scanf ("%d", &a[i]) ; /* 给数组的每个元素赋初值 */
    fun (a[i]) ;   /* 数组元素作参数调用函数 */
  }
  for (i=0; i<5; i++)   /* 输出所有数组元素的值 */
     printf ( "%d  ", a[i]) ;
  getch () ;
}
```

程序运行后，结果如图 5.9 所示。

```
C:\DOCUME~1\fz\桌面\C语言\7_5.exe
input 5 numbers: 2 4 -5 6 -8
2  4  -1  6  -1
2  4  -5  6  -8
```

图 5.9　例 5.7 运行结果

本程序中首先定义一个无返回值函数 fun，并说明其形参 x 为整型变量，在函数体中根据 x 值输出相应的结果。在 main 函数中用一个 for 语句输入数组各元素，每输入一个就以该元素作实参调用一次 fun 函数，即把 a[i] 的值传送给形参 x，供 fun 函数使用，程序执行结束后数组中的值并没有改变。

2）数组名作为函数参数

数组名作为函数参数与数组元素作为实参有几点不同：

①用数组元素作实参时，只要数组元素的类型和函数的形参变量的类型一致，对数组元素的处理是按普通变量对待的。用数组名作函数参数时，则要求形参和相对应的实参都必须是类型相同的数组或指针（后续项目中讲解），都必须有明确的数组或指针说明。当形参和实参二者不一致时，就会发生错误。

②在普通变量和数组元素作函数参数时，形参变量和实参变量是由编译系统分配的两个不同的内存单元，在函数调用时发生的值传递是把实参变量的值赋予形参变量。在用数组名作函数参数时，不是进行值的传递，即不是把实参数组的每一个元素的值都赋予形参数组的各个元素。因为实际上形参数组并不存在，编译系统不为形参数组分配内存。那么，数据的传送是如何实现的呢？

在项目四中我们曾介绍过，数组名就是数组的首地址，因此在数组名作函数参数时所进行的传递只是地址的传递，也就是说把实参数组的首地址赋予形参数组名，形参数组名取得该首地址之后，也就等于有了实在的数组。实际上形参数组和实参数组为同一数组，共同拥有一段内存空间。

例 5.8　数组 a 中存放了一个学生 5 门课程的成绩，求平均成绩。

```
float aver (float a[5])
{
  int i;
  float ave, sum=a[0];
  for (i=1; i<5; i++)
     sum=sum+a[i];
```

```
    ave=sum/5;
    return ave;
}
void main ()
{
    float score[5], ave;
    int i;
    printf ("\ninput 5 scores:\n") ;
    for (i=0; i<5; i++)
      scanf ("%f", &score[i]) ;
    ave=aver (score) ;
    printf ("average score is %5.2f", ave ) ;
    getch () ;
}
```

程序运行后，结果如图 5.10 所示。

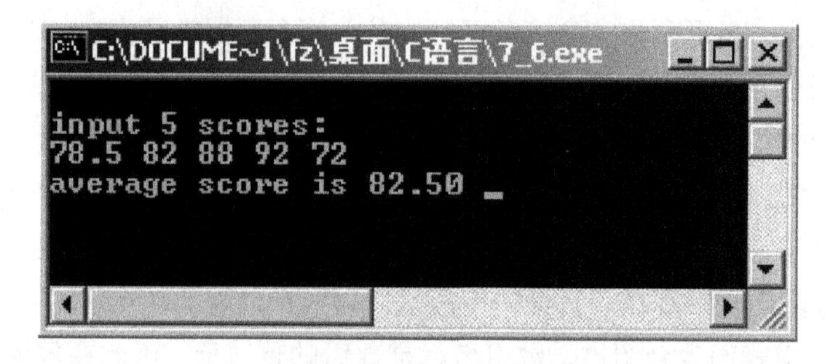

图 5.10　例 5.8 运行结果

本程序首先定义了一个实型函数 aver，有一个形参为实型数组 a，有 5 个数组元素，在函数 aver 中，把各元素值相加求出平均值，返回给主函数。主函数 main 中首先完成数组 score 的输入，然后以数组名 score 作为实参传给 aver 函数，在 aver 函数中计算出 5 个数组元素的和，并求出平均值 ave，作为函数返回值，在主程序中输出 ave 的值，从运行情况可以看出，程序实现了所要求的功能。

③前面已经讨论过，在变量作函数参数时，所进行的值传送是单向的，即只能从实参传向形参，不能从形参传回实参，形参的初值和实参相同，而形参的值发生改变后，实参并不变化，两者的终值是不同的，例 5.7 证实了这个结论。而当用数组名作函数参数时，情况则不同，由于实际上形参和实参为同一数组，因此当形参

数组发生变化时，实参数组也随之变化。当然这种情况不能理解为发生了“双向”的值传递。但从实际情况来看，调用函数之后实参数组的值将由于形参数组值的变化而变化。为了说明这种情况，把例 5.5 改为例 5.8 的形式。

例 5.9　判断一个整数数组中各元素的值，若元素的值小于 0 则把该值改为 −1，否则不变。

```
void fun (int a[5])
{
  int i;
  printf ("\n values of array a are:") ;
  for (i=0; i<5; i++)
  {
    if (a[i]<=0) a[i]=-1;
    printf ("%d ", a[i]) ;
    }
}
void main ()
{
  int b[5], i;
  printf ("\n input 5 numbers:") ;
  for (i=0; i<5; i++)
    scanf ("%d", &b[i]) ;
  printf ("\n initial values of array b are:") ;
  for (i=0; i<5; i++)
    printf ("%d ", b[i]) ;
  fun (b) ;
  printf ("\nlast values of array b are: ") ;
  for (i=0; i<5; i++)
    printf ("%d ", b[i]) ;
}
```

程序执行后，运行结果如图 5.11 所示。

```
C:\DOCUME~1\fz\桌面\C语言\7_7.exe

input 5 numbers:  2 4 -5 6 -8

 initial values of array b are: 2 4 -5 6 -8
values of array a are:  2  4  -1  6  -1
last values of array b are: 2 4 -1 6 -1 _
```

图 5.11　例 5.9 运行结果

本程序中函数 fun 的形参为整型数组 a，有 5 个数组元素。主函数中实参数组 b 也为整型，长度也为 5。在主函数中首先输入数组 b 的值，然后输出数组 b 的初始值。然后以数组名 b 为实参调用 fun 函数，在 fun 中，按要求把小于 0 的数组元素值改为 −1，并输出形参数组 a 的值。返回主函数之后，再次输出数组 b 的值。从运行结果可以看出，数组 b 的初值和终值是不同的，数组 b 的终值和数组 a 是相同的。这说明实参形参为同一数组，它们的值同时得以改变。

用数组名作为函数参数时还应注意以下几点：

①形参数组和实参数组的类型必须一致，否则将引起错误。

②形参数组和实参数组的长度可以不相同，因为在调用时，只传送首地址而不检查形参数组的长度。当形参数组的长度与实参数组不一致时，虽不至于出现语法错误（编译能通过），但程序执行结果将与实际不符，这是应予以注意的。

如把例 5.9 修改如下：

```
void fun (int a[8])
{
  int i;
  printf ("\nvalues of array a are:") ;
  for (i=0; i<8; i++)
  {
    if (a[i]<=0) a[i]=-1;
    printf ("%d ", a[i]) ;
  }
}
void main ()
{
  int b[5], i;
  printf ("\ninput 5 numbers:") ;
```

```
    for (i=0; i<5; i++)
      scanf ("%d", &b[i]) ;
    printf ("\n initial values of array b are:") ;
    for (i=0; i<5; i++)
      printf ("%d ", b[i]) ;
    fun (b) ;
    printf ("\nlast values of array b are: ") ;
    for (i=0; i<5; i++)
      printf ("%d ", b[i]) ;
    getch () ;
  }
```

程序运行后，结果如图 5.12 所示。

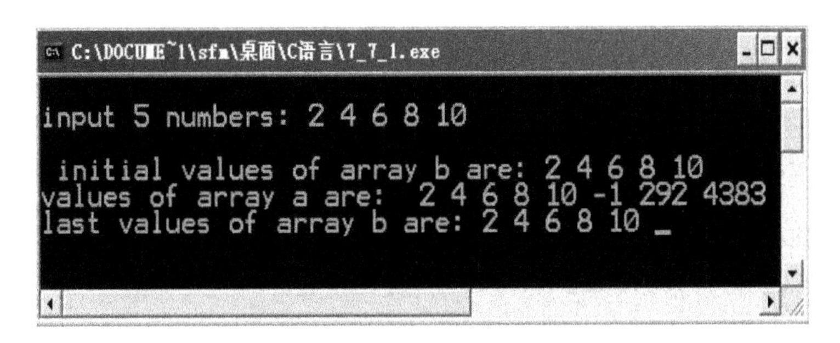

图 5.12　形参和实参数组长度不同

本程序与例 5.7 程序相比，fun 函数的形参数组长度改为 8，函数体中 for 语句的循环条件也改为 i<8。因此，形参数组 a 和实参数组 b 的长度不一致。编译能够通过，但从结果看，数组 a 的元素 a[5]，a[6]，a[7] 显然是无意义的。

③在函数形参表中，允许不给出形参数组的长度，或用一个变量来表示数组元素的个数。

例如：可以写为：

void　fun (int a[])

或写为

void fun (int a[]，int n)

其中形参数组 a 没有给出长度，而由 n 值动态地表示数组的长度。n 的值由主调函数的实参进行传送。

由此，例 5.7 又可改为例 5.8 的形式。

例 5.10　例 5.7 改写：形参数组 a 不给出长度，而由形参 n 值动态地表示数组的长度。

```
void fun (int a[], int n)
{
  int i;
  printf ("\nvalues of array a are:") ;
  for (i=0; i<n; i++)
  {
    if (a[i]<=0) a[i]=-1;
    printf ("%d ", a[i]) ;
  }
}
void main ()
{
  int b[5], i;
  printf ("\ninput 5 numbers:") ;
  for (i=0; i<5; i++)
     scanf ("%d", &b[i]) ;
  printf ("\n initial values of array b are:") ;
  for (i=0; i<5; i++)
     printf ("%d ", b[i]) ;
  fun (b, 5) ;
  printf ("\nlast values of array b are: ") ;
  for (i=0; i<5; i++)
     printf ("%d ", b[i]) ;
  getch () ;
}
```

本程序 fun 函数形参数组 a 没有给出长度，由 n 动态确定该长度。在 main 函数中，函数调用语句为 fun (b, 5)，其中实参 5 将赋予形参 n 作为形参数组的长度，执行结果同例 5.7。

④多维数组也可以作为函数的参数。在函数定义时对形参数组可以指定每一维的长度，也可省去第一维的长度。因此，以下写法都是合法的。

int min (int a[3][10])

或

int min (int a[][10])

（2）变量的作用域

在讨论函数的形参变量时曾经提到，形参变量只在被调用期间才分配内存单元，调用结束立即释放。这一点表明形参变量只有在函数内才是有效的，离开该函数就不能再使用了，这种变量有效性的范围称变量的作用域。不仅形参变量有作用域，C语言中所有的量都有自己的作用域。变量说明的方式不同，其作用域也不同。C语言中的变量，按作用域范围可分为两种：局部变量和全局变量。

1）局部变量

局部变量也称为内部变量，局部变量是在函数体内或复合语句中作定义说明的。其作用域仅限于函数或复合语句内部，离开该函数或复合语句后再使用这种变量就是非法的。例如：

```
int f1 (int a) /* 函数 f1*/
{
   int b, c;
   ……
} /* a、b、c 作用域是函数 f1 */
   int f2 (int x) /* 函数 f2*/
   {
      int y, z;
   } /* x、y、z 作用域是函数 f2 */
main ()
{
   int m, n;
} /* m、n 作用域是 main 函数 */
```

在函数 f1 内定义了三个变量，a 为形参，b、c 为一般变量，在 f1 的范围内 a、b、c 有效，或者说 a、b、c 变量的作用域限于 f1 内。同理，x、y、z 的作用域限于 f2 内。m、n 的作用域限于 main 函数内。

关于局部变量的作用域还要说明以下几点：

①主函数中定义的变量也只能在主函数中使用，不能在其他函数中使用。同时，主函数中也不能使用其他函数中定义的变量，因为主函数也是一个函数，它与其他函数是平行关系。

②形参变量是属于被调函数的局部变量，实参变量是属于主调函数的局部变量。

③允许在不同的函数中使用相同的变量名，它们代表不同的对象，分配不同的

单元，互不干扰，也不会发生混淆。

④在复合语句中也可定义变量，其作用域只在复合语句范围内起作用。

例如：

```
main ()
{
  int s, a;  //s、a 的作用域开始
  ……
  {
    int b; // b 的作用域开始
    s=a+b;
    ……
  }//b 的作用域结束
……
}  // s、a 的作用域结束
```

例 5.11 变量的作用域。

```
void main ()
{
   int i=2, j=3, k;
   k=i+j;
   {
      int k=8;
      if (i=3) printf ("k=%d\n", k) ;
   }
   printf ("i=%d, k=%d\n", i, k) ;
}
```

程序执行后，输出结果如图 5.13 所示。

```
C:\DOCUME~1\sfm\桌面\C语言\7_11.exe
k=8
i=3, k=5
```

图 5.13　例 5.11 运行结果

分析：在main函数中定义了i、j、k三个整型变量，其中k的值由i+j得到5。而在复合语句内又定义了一个变量k，并赋初值为8。应该注意这两个k不是同一个变量，在复合语句外由main定义的k起作用，而在复合语句内则由在复合语句内定义的k起作用。因此程序第4行的k为main所定义，其值应为5。第7行输出k值，该行在复合语句内，由复合语句内定义的k起作用，其初值为8，故输出值为8。第9行输出i，k值，i是在整个程序中有效的，第7行对i赋值为3，所以输出也为3。而第9行已在复合语句之外，输出的k应为main所定义的k，此k值由第4行赋值5，故输出也为5。

2）全局变量

全局变量也称为外部变量，它是在函数外部定义的变量，对其后的所有函数都起作用。它不属于哪一个函数，它属于一个源程序文件，其作用域是整个源程序。若函数中使用全局变量在前，定义全局变量在后，一般在函数中应作全局变量说明，只有在函数内经过说明的全局变量才能使用。全局变量的说明符为extern，但在函数之前定义的全局变量，在其后的函数内使用可不再加以说明。例如：

```
int a, b; /* 外部变量 a、b 作用域开始 */
void f1 ()
{
   ......
}
float x, y; /* 外部变量 x、y 作用域开始 */
int f2 ()
{
   ......
}
main ()
{
   ......
}/* 全局变量 x、y 作用域结束，全局变量 a、b 作用域结束 */
```

从上例可以看出a、b、x、y都是在函数外部定义的外部变量，都是全局变量。但x、y定义在函数f1之后，而在f1内又无对x、y的说明，所以x、y在f1内无效。a、b定义在源程序最前面，因此在f1、f2及main函数内不加说明也可使用。

例5.12　输入长方体的长宽高l、w、h，求体积及正、侧、顶三个面的面积。

分析：据题意知，如果编写一个函数来完成对长方体的体积及正、侧、顶三个面的面积的计算任务，那么我们希望从该函数中得到4个结果的值，但函数调用最多只能返回一个值到主调函数，此时就可以利用全局变量的作用范围的特征，将主调函数想得到的其他三个值带回到主调函数中。

程序如下：

```
int s1, s2, s3;   /* 声明全局变量 s1、s2、s3，其作用范围为整个源文件 */
int vs ( int a, int b, int c)
 {
    int v;
    v=a*b*c;  /* 计算长方体的体积 */
    s1=a*b;   /* 计算侧面积 */
    s2=b*c;
    s3=a*c;
    return v;   /* 返回体积 v 的值 */
 }
void main ()
{ int v, l, w, h;
  printf ("\ninput length, width and height：") ;
  scanf ("%d%d%d", &l, &w, &h) ;
  v=vs (l, w, h) ;
   printf ("v=%d   s1=%d   s2=%d   s3=%d\n", v, s1, s2, s3) ;
   getch () ;
}
```

程序运行结果如图 5.14 所示。

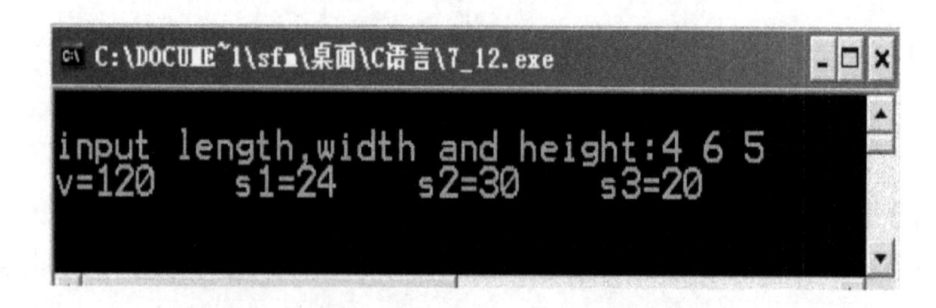

图 5.14　例 5.12 运行结果

对于全局变量几点说明：

①对于局部变量的定义和说明，可以不加区分，而对于全局变量则不然，全局变量的定义和全局变量的说明并不是一回事。全局变量定义必须在所有函数的外部，

且只能定义一次。

而全局变量说明出现在要使用该外部变量的各个函数内，在整个源程序内，可能出现多次。当全局变量定义在后，引用它的函数在前，就应该在引用它的函数中用 extern 对此全局变量进行说明。

全局变量说明的一般形式为：

extern　类型说明符　变量名，变量名，…;

全局变量在定义时就已分配了内存单元，全局变量定义时可赋初始值，全局变量说明不能再赋初始值，只是表明在函数内要使用某全局变量。

②全局变量可加强函数模块之间的数据联系，但是又使函数要依赖这些变量，因而使得函数的独立性降低，从模块化程序设计的观点来看这是不利的，因此在不必要时尽量不要使用全局变量。

③在同一源文件中，允许全局变量和局部变量同名，在局部变量的作用域内，全局变量不起作用。

例 5.13　全局变量和局部变量同名。

```
int v_s (int L, int w)
{
  extern int h;
  int v;
  v= L*w*h;
  return v;
}
main ()
{
  extern int w, h;
  int L=5;
  printf ("v=%d", v_s (L, w) ) ;
}
int L=3, w=4, h=5;
程序执行后输出结果如下：
v=100
```

本例程序中，外部变量在最后定义，因此在前面函数中对要用的外部变量必须进行说明。外部变量 L、w 和 v_s 函数的形参 L、w 同名，外部变量都做了初始赋值，main 函数中又定义了一个局部变量 L，也作了初始化赋值，执行程序时，在 printf

语句中调用 v_s 函数，实参 L 的值应为 main 中定义的 L 值，等于 5，外部变量 L 在 main 内不起作用；实参 w 的值为外部变量 w 的值 4，进入 v_s 后这两个值传送给形参 L、w，v_s 函数中使用的 h 为外部变量，其值为 5，因此 v 的计算结果为 100，返回主函数后输出。

(3) 变量的存储类型

各种变量的作用域不同，就其本质来说是因变量的存储类型不同。所谓存储类型是指变量占用内存空间的方式，也称为存储方式。

变量的存储方式可分为“静态存储”和“动态存储”两种。

静态存储变量通常是在变量定义时就分配一定的存储单元并一直保持不变，直至整个程序结束，全局变量即属于此类存储方式。

动态存储变量是在程序执行过程中，使用它时才分配存储单元，使用完毕立即释放。典型的例子是函数的形式参数，在函数定义时并不给形参分配存储单元，只是在函数被调用时，才予以分配，调用函数完毕立即释放。如果一个函数被多次调用，则反复地分配、释放形参变量的存储单元。

从以上分析可知，静态存储变量是一直存在的，而动态存储变量则时而存在时而消失，我们又把这种由于变量存储方式不同而产生的特性称变量的生存期。生存期表示了变量存在的时间，生存期和作用域是从时间和空间这两个不同的角度来描述变量的特性，这两者既有联系，又有区别。一个变量究竟属于哪一种存储方式，并不能仅从其作用域来判断，还应有明确的存储类型说明。

在 C 语言中，对变量的存储类型说明有以下四种：

auto　　自动变量
extern　　外部变量
static　　静态变量
register　　寄存器变量

自动变量和寄存器变量属于动态存储方式，外部变量和静态变量属于静态存储方式。在介绍了变量的存储类型之后，可以知道对一个变量的说明不仅应说明其数据类型，还应说明其存储类型，因此变量说明的完整形式应为：

存储类型说明符　数据类型说明符　变量名 1, 变量名 2…;

例如：

static int a, b;　　说明 a、b 为静态类型变量
auto char c1, c2;　　说明 c1、c2 为自动字符变量
static int a[5]={1, 2, 3, 4, 5};　　说明 a 为静态整型数组
extern int x, y;　　说明 x、y 为外部整型变量

下面分别介绍以上四种存储类型。

1）自动变量

自动变量的类型说明符为 auto。

这种存储类型是 C 语言程序中使用最广泛的一种类型。C 语言规定，函数内凡未加存储类型说明的变量均视为自动变量，也就是说自动变量可省去说明符 auto。在前面各章的程序中所定义的变量凡未加存储类型说明符的都是自动变量。

例如：

```
int i, j, k;
char c;
```

等价于：

```
auto int i, j, k;
auto char c;
```

自动变量具有以下特点：

①自动变量的作用域仅限于定义该变量的个体内，在函数中定义的自动变量，只在该函数内有效，在复合语句中定义的自动变量只在该复合语句中有效。例如：

```
int fun (int a)
{
   auto int x, y;
{ auto char c;
  ……
} /*c 的作用域结束 */
  ……
} /*a, x, y 的作用域结束 */
```

②自动变量属于动态存储方式，只有在使用它，即定义该变量的函数被调用时才给它分配存储单元，开始它的生存期，函数调用结束，释放存储单元，结束生存期，因此函数调用结束之后，自动变量的值不能保留。在复合语句中定义的自动变量，在退出复合语句后也不能再使用，否则将引起错误。

③由于自动变量的作用域和生存期都局限于定义它的个体内（函数或复合语句内），因此不同的个体中允许使用同名的变量而不会混淆，即使在函数内定义的自动变量也可与该函数内部的复合语句中定义的自动变量同名。

例 5.14　函数内定义的自动变量与该函数内部的复合语句中定义的自动变量同名。

```
main ()
{
  auto int a, s=100, p=100;
```

```
    printf ("\ninput a number:") ;
    scanf ("%d", &a) ;
    if (a>0)
    {
      auto int s, p;
      s=a+a;
      p=a*a;
      printf ("s1=%d p1=%d\n", s, p) ;
    }
    printf ("s2=%d p2=%d\n", s, p) ;
    getch () ;
}
```

程序执行后，输出结果如图 5.15 所示。

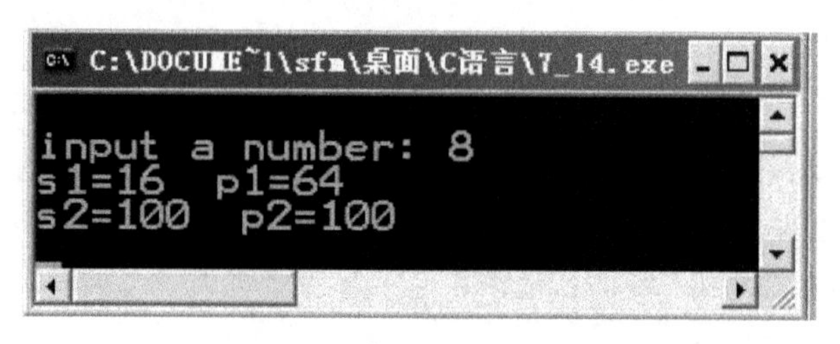

图 5.15　例 5.14 运行结果

本程序在 main 函数中和复合语句内两次定义了变量 s、p 为自动变量，按照 C 语言的规定，在复合语句内，应由复合语句中定义的 s、p 起作用，故 s1 的值应为 a+a，p1 的值为 a*a。退出复合语句后的 s、p 应为 main 所定义的 s、p，其值在初始化时给定，均为 100。从输出结果可以分析出两个 s 和两个 p 虽变量名相同，但却是两个不同的变量。

2）外部变量

外部变量的类型说明符为 extern。

在前面介绍全局变量时已介绍过外部变量，这里再补充说明外部变量的几个特点：

①外部变量和全局变量是对同一类变量的两种不同角度的提法：全局变量是从它的作用域提出的，外部变量是从它的存储方式提出的，表示了它的生存期。

②当一个源程序由若干个源文件（*.c）组成时，在一个源文件中定义的外部变量在其他的源文件中也有效。例如有一个源程序由源文件 F1.C 和 F2.C 组成：

源文件 F1.C 的程序代码如下：

```
int a, b; /* 外部变量定义 */
char c; /* 外部变量定义 */
main ()
{
  ……
}
```

源文件 F2.C 的程序代码如下：

```
extern int a, b; /* 外部变量说明，说明 a, b 已在其他源文件中定义过了，是个全局变量 */
extern char c; /* 外部变量说明 */
func (int x, y)
{
  ……
}
```

在 F1.C 和 F2.C 两个文件中都要使用 a、b、c 三个变量，在 F1.C 文件中把 a、b、c 都定义为外部变量，在 F2.C 文件中用 extern 把三个变量说明为外部变量，表示这些变量已在其他文件中定义过，并分配了存储单元，编译系统不再为它们分配内存空间。对构造类型的外部变量，如数组等可以在说明时作初始化赋值，若不赋初值，则系统自动定义它们的初值为 0。

3）静态变量

静态变量的类型说明符是 static。

静态变量当然是属于静态存储方式，但是属于静态存储方式的量不一定就是静态变量，例如外部变量虽属于静态存储方式，但不一定是静态变量，必须由 static 加以定义后才能成为静态外部变量，或称静态全局变量。对于自动变量，前面已经介绍过它属于动态存储方式，但是也可以用 static 定义它为静态自动变量，或称静态局部变量，从而成为静态存储方式。

由此看来，一个变量可由 static 进行再说明，并改变其原有的存储方式。

①静态局部变量

在局部变量的说明前加上 static 说明符就构成静态局部变量。

例如：

```
static int a, b;
static float array[5]={1, 2, 3, 4, 5}；
```

静态局部变量属于静态存储方式，它具有以下特点：

a. 静态局部变量在函数内定义，但不像自动变量那样（当调用时就存在，退出函数时就消失），静态局部变量始终存在着，也就是说它的生存期为整个源程序。

b. 静态局部变量的生存期虽然为整个源程序，但是其作用域仍与自动变量相同，即只能在定义该变量的函数内使用该变量，退出该函数后，尽管该变量还继续存在，但不能使用它。

c. 对基本类型的静态局部变量若在说明时未赋初值，则系统自动赋值 0，而对自动变量不赋初值，其值是不定的。根据静态局部变量的特点，可以看出它是一种生存期为整个源程序的量，虽然离开定义它的函数后不能使用，但如再次调用定义它的函数时，它又可继续使用，而且保存了前次被调用后留下的值。因此，当多次调用一个函数且要求在调用之间保留某些变量的值时，可考虑采用静态局部变量。

例 5.15 局部动态变量与局部静态变量作用域比较。

```
main ()
{
  int i;
  void fun () ; /* 函数说明 */
  for (i=1; i<=5; i++)
    fun () ; /* 函数调用 */
}
void fun () /* 函数定义 */
{
  auto int j=0;   /* auto 可省略 */
  ++j;
  printf ("j=%d", j) ;
}
```

程序执行后，输出结果如图 5.16 所示。

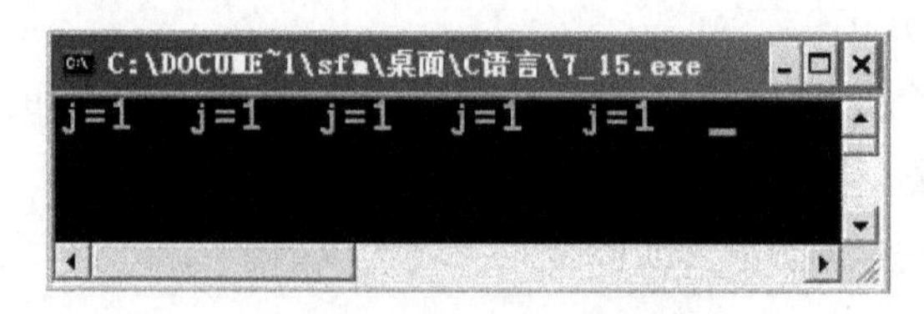

图 5.16　例 5.15 运行结果

程序中定义了函数 fun，其中的变量 j 说明为自动变量并赋予初始值为 0。当 main 中多次调用 fun 时，j 均赋初值为 0，故每次输出值均为 1。

现在把j改为静态局部变量，程序如下：

```
main ()
{
  int i;
  void fun () ; /* 函数说明 */
  for (i=1; i<=5; i++)
    fun () ; /* 函数调用 */
}
void fun () /* 函数定义 */
{
  static int j=0;
  ++j;
  printf ("j=%d\n", j) ;
}
```

程序执行后输出结果如图5.17所示。

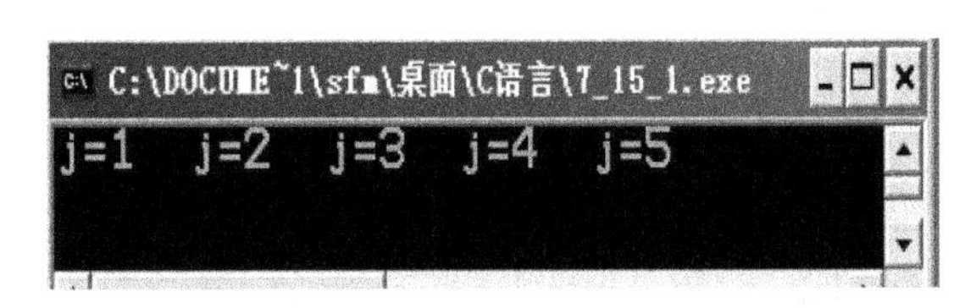

图5.17　例5.15自动变量改静态变量后运行结果

由于j为静态变量，能在每次调用后保留其值并在下一次调用时继续使用，所以输出值成为累加的结果，读者可自行分析其执行过程。

②静态全局变量

全局变量（外部变量）的说明之前再冠以static就构成了静态全局变量。全局变量本身就是静态存储方式，静态全局变量当然也是静态存储方式。这两者在存储方式上并无不同，区别在于非静态全局变量的作用域是整个源程序，当一个源程序由多个源文件组成时，非静态的全局变量在各个源文件中都是有效的。而静态全局变量则限制了其作用域，即只在定义该变量的源文件内有效，在同一源程序的其他源文件中不能使用。

从以上分析可以看出，把局部变量改变为静态变量后是改变了它的存储方式，即改变了它的生存期，把全局变量改变为静态变量后是改变了它的作用域，限制了它的使用范围，因此static这个说明符在不同的地方所起的作用是不同的，应予以注意。

4）寄存器变量

寄存器变量的说明符是register。

上述各类变量都存放在内存储器内，因此当对一个变量频繁读写时，必须要反复访问内存储器，从而花费大量的存取时间，为此，C语言提供了另一种变量——寄存器变量，这种变量存放在CPU寄存器中，使用时不需要访问内存，而直接从寄存器中读写，这样可提高效率。对于循环次数较多的循环控制变量及循环体内反复使用的变量均可定义为寄存器变量。

例5.16 求$\sum$ i (i=1～200)。

```
void main ()
{
  register i, s=0;
  for (i=1; i<=200; i++)
    s=s+i;
  printf ("s=%d\n", s) ;
}
```

程序循环200次，i和s都将频繁使用，因此可定义为寄存器变量。

对寄存器变量还要说明以下几点：

①只有局部自动变量和形式参数才可以定义为寄存器变量，因为寄存器变量属于动态存储方式，凡需要采用静态存储方式的量不能定义为寄存器变量。

②在Turbo C、MS C等微机上使用的C语言中，实际上是把寄存器变量当成自动变量处理的，因此速度并不能提高，而在程序中允许使用寄存器变量只是为了与标准C保持一致。

③即使能真正使用寄存器变量的机器，由于CPU中寄存器的个数是有限的，因此使用寄存器变量的个数也是有限的。

（4）内部函数和外部函数

函数一旦定义后就可被其他函数调用，但当一个源程序由多个源文件组成时，在一个源文件中定义的函数能否被其他源文件中的函数调用呢？为此，C语言又根据函数能否被其他源文件调用，将函数分为内部函数与外部函数。

1）内部函数

如果在一个源文件中定义的函数只能被本文件中的函数调用，而不能被同一源程序的其他文件中的函数调用，这种函数称为内部函数。

定义内部函数的一般形式是：

static　类型说明符　函数名（形参表）{…}

例如：

static int f (int a, int b) {…}

内部函数也称为静态函数，但此处静态 static 的含义已不是指存储方式，而是指对函数的调用范围只局限于本文件，因此在不同的源文件中定义同名的静态函数不会引起混淆。

2）外部函数

外部函数在整个源程序中都有效。

外部函数定义的一般形式为：

extern　类型说明符　函数名（形参表）

例如：

extern int f (int a, int b)

如果在函数定义中没有说明 extern 或 static 则隐含为 extern。在一个源文件的函数中调用其他源文件中定义的外部函数时，也要用 extern 说明被调函数为外部函数。

例如：

源文件 F1.C

```
main ()
{
extern int fun (int i) ; /* 外部函数说明，表示 fun 函数定义在其他源文件中 */
……
}
```

源文件 F2.C

```
extern int fun (int i) /* 定义函数为外部函数 */
{
……
}
```

（5）函数应用举例

例 5.17　设计一个对一维数组排序的 sort 函数，并调用它实现数组排序。

本书项目四介绍了一维数组的排序程序，我们把其中的排序程序段改造成排序 sort 函数，实现对 10 个数组元素的数组排序。

程序如下：

```
void sort (int a[])
{  int i, j, p, q, s;
```

```
    for (i=0; i<10; i++)
    {
        p=i; q=a[i];
        for (j=i+1; j<10; j++)
            if (q<a[j]) { p=j; q=a[j]; }
        if (i!=p)
        {s=a[i];
            a[i]=a[p];
            a[p]=s;
        }
    }
}
void main ()
{
    int i, data[10];
    printf ("\n input 10 numbers:\n") ;
    for (i=0; i<10; i++)
        scanf ("%d", &data[i]) ;
    sort (data) ;
    for (i=0; i<10; i++)
        printf ("%d", data[i]) ;
}
```

程序运行结果如图 5.18 所示。

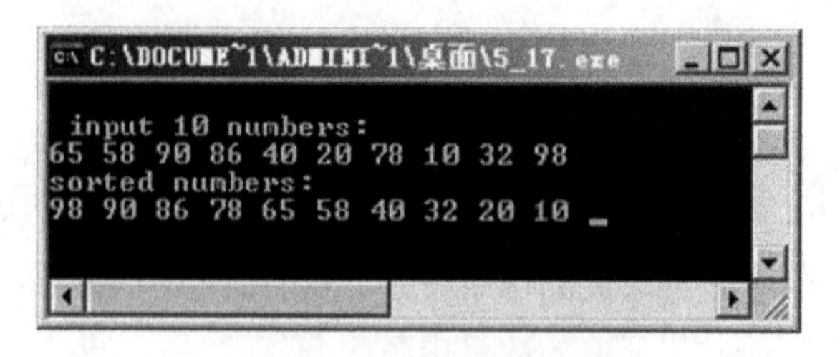

图 5.18　例 5.17 运行结果

注意：main 函数中 sort 函数的参数是数组名，参数的传递方式属于地址传递；sort 函数的类型是 void，在 main 函数之前定义，在 main 函数中调用，调用在后，可以不用声明。如果 sort 函数在 main 函数之后定义，则在 main 函数中调用之前一定要进行函数声明。

若从键盘输入的 10 个值分别是：8、12、5、11、−1、20、15、3、36、10，图 5.19 是对函数调用过程中数组的说明：

		排序前	排序后		
数组 data →	data[0]	8	36	a[0]	← 数组 a
	data[1]	12	20	a[1]	
实	data[2]	5	15	a[2]	形
参	data[3]	11	12	a[3]	参
数	data[4]	-1	11	a[4]	数
组	data[5]	20	10	a[5]	组
	data[6]	15	8	a[6]	
	data[7]	3	5	a[7]	
	data[8]	36	3	a[8]	
	data[9]	10	-1	a[9]	

图 5.19　sort 函数调用前后数组参数的状态

习题五

一、选择题

1. C 语言规定，简单变量作实参时，它和对应形参之间的数据传递方法是（　）。

   A. 地址传递

   B. 单向值传递

   C. 由用户指定传递方式

   D. 由实参传给形参，再由形参传回给实参

2. C 语言中函数返回值的数据类型是由（　）决定。

   A. 主调函数的类型　　B. 定义函数时指定的类型

   C. return 语句中表达式的类型　　D. 声明函数时的类型

3. C 语言中定义变量时可以使用的缺省存储类型是（　）。

   A. auto　　B. static

   C. register　　D. extern

4. 下列程序的输出结果是（　）。

```
int  m=13;
int  fun (int x, int y)
{  int m=3;
```

```
    return (x*y-m) ;
}
main ()
{  int a=7, b=5;
   printf ("%d", fun (a, b) /m) ;
}
```

A. 1　　B. 2

C. 7　　D. 10

5. C 语言中，若省略函数数据类型说明，则函数值的隐含类型是（　）。

A. void　　B. int

C. float　　D. extern

6. 下面函数调用语句含有实参的个数是（　）。

```
func ( (exp1, exp2),  (exp3, exp4, exp5) ) ;
```

A. 1　　B. 2

C. 4　　D. 5

7. 以下正确的函数定义形式是（　）。

A. double fun (int x, int y)　　B. double fun (int x; int y)

C. double fun (int x, int y) ;　　D. double fun (int x, y) ;

8. 以下函数的类型是（　）。

```
fun (double x)
```

A. 与参数 x 的类型相同　　B. void 类型

C. int 类型　　D. 无法确定

9. 以下程序的输出结果是（　）。

```
func (int a, int b)
{  int c;
   c=a+b;
   return c;
}
main ()
{  int x=6, y=7, z=8, r;
    r=func ( (x--, y++, x+y), z--) ;
    printf ("%d\n", r) ;
}
```

A. 11　　　　B. 20

C. 21　　　　D. 30

二、写出下列程序执行的结果

1.
```
int w=3;
main ()
{ int  w=10;
  printf ("%d\n", fun (5) *w) ;
}
fun (int k)
{
  if (k==0) return w;
  return (fun (k−1) *k) ;
}
```
输出结果：

2.
```
int  fun (int n)
{
 static  int f=1;
  f=f+n;
  return (f) ;
}
main ()
{ int  i;
      for (i=1; i<5; i++)  printf ("%d", fun (i) ) ;
   }
```
输出结果：

三、填空

1. 以下函数用于求 x 的 y 次方，请填空。

```
double fun (double x, int y)
{ int i;
  double z=1;
  for (i=1; ——; i++)
```

```
    z= —— ;
  return z;
}
```

2. 以下程序的功能是计算 s= ∑ k! (k=0…n)，请填空。

```
long f (int n)
{ int i; long s;
  s= —— ;
  for (i=1; i<=n; i++)  s= —— ;
  return s;
}
main ()
{ int k, n; long s;
  scanf ("%d", &n) ;
  s= ——;
  for (k=0; k<=n; k++)  s=s+ —— ;
  printf （"%ld\n", s） ;
}
```

四、指出下列程序中的错误，并改正

```
main （）
{ int s, x, n;
  s=power （x, n） ;
  printf （"s=%d", s） ;
 }
power （y）
{ int i, p=1;
   for （i=1; i<=n; i++） p=p*y;
   return  p;
}
```

五、编写程序

1. 编写函数对传过来的 10 个整数按升序排序。

2. 编写函数，形参为两个整数，返回这两个整数的和、差、积、商。

项目六

基于指针实现学生成绩输入输出

学习情境

计算机应用技术班有30位学生参加了期终考试（考了三门课），请用指针优化学生成绩排名。即用指针实现数组的输入输出及数组的排序（在函数中进行）。

学习目标

学会指针的定义、引用；
学会通过指针引用一维数组元素；
学会通过指针引用二维数组元素。

任务1　使用指针输出学生成绩

知识目标	掌握指针的概念 掌握指针引用数据的方法
能力目标	学会利用指针输出学生的成绩 调试运行C程序
素质目标	培养学生对新事物的接受能力 培养学生自我学习的能力
重点内容	指针的概念和指针的引用
难点内容	指针的引用

6.1.1 任务描述

计算机应用技术班进行了一次考试，现要将几个学生的成绩输入，用指针的方式输出。

6.1.2 任务实现

```
#include <stdio.h>
void main ()
{
  int *p1, *p2, *p, a, b;
  printf ("Please input 2 score: ") ;
  scanf ("%d%d", &a, &b) ;
  p1=&a; p2=&b;
  if (a>b)
  { p=p1; p1=p2; p2=p; }
  printf ("output: ") ;
  printf ("a=%d, b=%d\n", a, b) ;
  printf ("min=%d, max=%d\n", *p1, *p2) ;
}
```

程序运行结果如图 6.1 所示。

图 6.1　任务 1 执行结果

6.1.3 任务分析

通过指针的定义和引用，实现成绩的输入输出。

6.1.4　知识链接

指针是C语言中广泛使用的一种数据类型。运用指针编程是C语言最主要的风格之一。利用指针变量可以表示各种数据结构，能很方便地使用数组和字符串，并能像汇编语言一样处理内存地址，从而编出精练而高效的程序。

（1）指针简介

指针极大地丰富了C语言的功能，学习指针是学习C语言中最重要的一环，能否正确理解和使用指针是我们是否掌握好C语言的一个标志。同时，指针也是C语言中最为困难的一部分，在学习中除了要正确理解基本概念外，还必须要多做练习、多编写程序、多上机调试，只要做到这些，指针也是不难掌握的。

1）指针的基本概念

在计算机中，所有的数据都是存放在存储器中的。一般把存储器中的一个字节称为一个内存单元，不同的数据类型所占用的内存单元数不等，如整型量占2个单元，字符型占1个单元等，在项目一中已有详细的介绍。

为了正确地访问这些内存单元，必须为每个内存单元编上号，根据一个内存单元的编号即可准确地找到该内存单元，内存单元的编号也叫作地址。既然根据内存单元的编号或地址就可以找到所需的内存单元，所以通常也把这个地址称为指针。内存单元的指针和内存单元的内容是两个不同的概念，可以用一个通俗的例子来说明它们之间的关系，我们到银行去存取款时，银行工作人员将根据我们的账号去找我们的存款信息，找到之后在存单上写入存款、取款的金额，修改存单信息，在这里，账号就是存单的指针，存单中的信息是存单的内容。对于一个内存单元来说，单元的地址即为指针，其中存放的数据才是该单元的内容。

在C语言中，允许用一个变量来存放指针，这种变量称为指针变量。因此，一个指针变量的值就是某个内存单元的地址或称为某内存单元的指针。图6.2中，设有整型变量x，其值为10，x占用了1000号单元（地址一般用十六进数表示）。设有指针变量P，内容为1000，这种情况我们称为P指向变量x，或说P是指向变量x的指针。严格地说，一个指针是一个地址，是一个常量。而一个指针变量却可以被赋予不同的指针值，是变量，但经常把指针变量简称为指针，定义指针的目的是为了通过指针去访问内存单元。

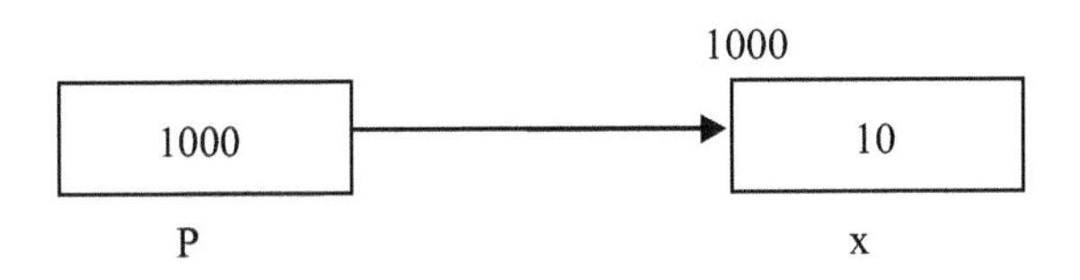

图6.2　P是指向变量x的指针

在C语言中，一种数据类型或数据结构往往都占有一串连续的内存单元（例如数组），用“地址”这个概念并不能很好地描述一种数据类型或数据结构，而“指针”虽然实际上也是一个地址，但它却是一个数据结构的首地址，它是“指向”一个数据结构的，因而概念更为清楚，表示更为明确，这也是引入“指针”概念的一个重要原因。

2）指针变量的类型说明

指针变量定义的一般形式为：

类型说明符 * 变量名;

其中，“*”表示这是一个指针变量，变量名即为定义的指针变量名，类型说明符表示本指针变量所指向的变量的数据类型，即指针变量的基类型。

下面对指针变量作几点说明：

①指针变量名前的“*”表示该变量为指针变量，而指针变量名不包含该“*”。

②一个指针变量只能指向同一类型的变量。

③指针变量中只能存放地址，而不能将数值型数据赋给指针变量。

④只有当指针变量中具有确定地址后才能被引用。

⑤与一般的变量一样，也可以对指针变量进行初始化。

例如：int *p1; 表示 p1 是一个指针变量，它的值是某个整型变量的地址，或者说 p1 指向一个整型变量。至于 p1 究竟指向哪一个整型变量，应由向 p1 赋予的地址来决定。

再如：

float *p2; /*p2 是指向浮点型变量的指针变量 */

char *p3; /*p3 是指向字符型变量的指针变量 */

应该注意的是，一个指针变量只能指向同类型的变量，如 p2 只能指向浮点型变量，不能时而指向一个浮点变量，时而又指向一个字符型变量。

(2) 指针变量的操作

指针变量可以指向任何一种数据类型，例如可以指向基本类型的变量，也可以指向数组、结构体、共用体以及另外的指针等。指针变量同普通变量一样，使用前需要定义、赋初值，通过指针还可以引用存储单元，指针指向不同的变量类型其操作方法也有所不同。

1）指针变量的赋值

指针变量同普通变量一样，使用之前不仅要定义说明，而且必须赋予具体的值。未经赋值的指针变量不能使用，否则将造成系统混乱，甚至死机。指针变量的赋值只能赋予地址，决不能赋予任何其他数据，否则将引起错误。

在C语言中，变量的地址是由编译系统分配的，用户不知道变量的具体地址。C语言中提供了地址运算符 & 来表示变量的地址。

①给指针变量赋地址

一般形式为：

& 变量名；

如 &a 表示变量 a 的地址，&b 表示变量 b 的地址，变量 a、b 必须预先说明。设有指向整型变量的指针变量 p，如要把整型变量 a 的地址赋予 p 可以有以下两种方式：

a. 指针变量初始化的方法：

int a;

int *p=&a;

b. 赋值语句的方法：

int a，*p;

p=&a;

不允许把一个常量赋予指针变量，因此下面的赋值是错误的： int *p; p=1000; 被赋值的指针变量前不能再加“*”说明符，如写成 *p=&a 也是错误的（注意和定义语句的区别）。

②给指针变量赋“空”值

除了给指针变量赋地址值外，还可以给指针赋空值（NULL），例如：

p= NULL；

NULL 是在头文件 stdio.h 中定义的预定义符，因此在使用 NULL 时，应在程序的前面出现预定义行：#include <stdio.h>。NULL 的整数值为 0，当执行了以上的赋值语句后，称 p 为空指针。因为 NULL 的代码值为 0，所以以上语句等价于：

p='\0'; 或 p=0;

这时，指针 p 并不是指向地址为 0 的存储单元，而是具有一个确定的值“空”。企图通过一个空指针去访问一个存储单元，将会得到一个出错信息。

2）指针变量的运算

指针变量可以进行某些运算，但其运算的种类是有限的，它只能进行赋值运算和部分算术运算及关系运算。

①指针运算符

a. 取地址运算符（&）

取地址运算符“&”是单目运算符，其结合性为自右至左，其功能是取变量的地址。在 scanf 函数及前面介绍指针变量赋值中，我们已经了解并使用了“&”运算符。

b. 取内容运算符（*）

取内容运算符“*”是单目运算符，其结合性为自右至左，用来表示指针变量所指的存储单元中的值。在“*”运算符之后跟的变量必须是指针变量，需要注意的是指针运算符“*”和指针变量说明中的指针说明符“*”不是一回事。在指针变量说明中，“*”是类型说明符，表示其后的变量是指针类型。而表达式中出现的“*”则是一个运算符，用以表示指针变量所指的存储单元中的值。

例 6.1 通过指针输出变量的值。

```
void main ()
{
  int a=5, *p=&a;
  printf ("a=%d", *p) ;
  getch () ;
}
```

程序执行后，输出结果如图 6.3 所示。

图 6.3　例 6.1 运行结果

分析：首先在定义语句中，把整型变量 a 的地址赋给指针变量 p，输出语句输出指针变量 p 所指存储单元的内容，即变量 a 的值，即 a=5。

②指针变量的运算

赋值运算：指针变量的赋值运算有以下几种形式：

a. 指针变量初始化赋值，int a, *pa=&a;

b. 把一个变量的地址赋予指向相同数据类型的指针变量。例如：

int a, *pa; pa=&a; /* 把整型变量 a 的地址赋予整型指针变量 pa*/

c. 把一个指针变量的值赋予指向相同类型变量的另一个指针变量。如：

int a, *pa=&a, *pb; pb=pa; /* 把 a 的地址赋予指针变量 pb，pa、pb 指向同一个存储单元 */

由于 pa, pb 均为指向整型变量的指针变量，因此可以相互赋值。

d. 把数组的首地址赋予指针变量。

例如： int a[5], *pa; pa=a; /* 数组名表示数组的首地址，故可赋予指向数组的指针变量 pa，pa 指向数组 a 的首地址 */。

也可写为：

pa=&a[0]; /* 数组第一个元素的地址也是整个数组的首地址，也可赋予 pa*/。

当然也可采取初始化赋值的方法：

int a[5], *pa=a;

e. 把字符串的首地址赋予指向字符类型的指针变量。

例如： char *pc; pc="CHINA";

或用初始化赋值的方法写为： char *pc="CHINA";

这里应说明的是并不是把整个字符串赋给指针变量 pc，而是让 pc 指向该字符串的首地址（在后面还将详细介绍）。

指针变量移动（加减一个整数）：对于指向连续的存储单元的指针变量，可以加上或减去一个整数 n（运算后的值不要超出连续的存储单元的范围，否则没有意义）。设 pa 是指向数组 a 的指针变量，则 pa+n, pa−n, pa++, ++pa, pa−−, −−pa 运算都是合法的。

指针变量加或减一个整数 n 的意义是，把指针指向的当前位置向前或向后移动 n 个位置。应该注意，数组指针变量向前或向后移动一个位置和地址加 1 或减 1 在概念上是不同的。因为数组可以有不同的类型，各种类型的数组元素所占的字节长度是不同的。如指针变量加 1，即向后移动 1 个位置，表示指针变量指向下一个数据元素的首地址，而不是地址值加 1。

例如：

int a[5], *pa;

pa=a; /*pa 指向数组 a 的首地址，也是指向元素 a[0]*/

pa=pa+2; /*pa 指向数组元素 a[2]，即 pa 的值为 &a[2]*/

指针变量的加减运算只能对连续的存储单元进行，对指向不连续的存储单元作加减运算毫无意义。

两个指针变量之间的运算只有指向同一连续存储单元的两个指针变量之间才能进行，否则运算毫无意义。

以指向数组元素的指针为例：

a. 两指针变量相减

两个指针变量相减所得之差是两个指针所指数组元素之间相差的元素个数。实际上是两个指针值（地址）相减之差再除以该数组元素的长度（字节数）。

例如：float b[10], *pf1, *pf2;

设 pf1 和 pf2 是指向同一浮点数组 b 的两个指针变量，pf1 的值为 2010H,

pf2 的值为 2000H，而浮点数组每个元素占 4 个字节，所以 pf1−pf2 的结果为 (2010H−2000H) /4=4，表示 pf1 和 pf2 之间相差 4 个元素，即 pf1−pf2=4。

两个指针变量不能进行加法运算。例如，pf1+pf2 无实际意义。

b. 两指针变量进行关系运算

指向同一连续存储单元的两指针变量进行关系运算可表示它们所指数组元素之间的关系。

例如：

pf1==pf2 表示 pf1 和 pf2 指向同一数组元素。

pf1>pf2 表示 pf1 处于高地址位置，pf2 处于低地址位置，即 pf1 所指向的数组元素的下标值大于 pf2 所指向的数组元素的下标值。

pf1<pf2 表示 pf2 处于高地址位置，pf1 处于低地址位置，即 pf2 所指向的数组元素的下标值大于 pf1 所指向的数组元素的下标值。

例 6.2 指针应用：通过指针求两个数的和与积。

```
void main ()
{
  int a=10, b=20, s, t, *pa, *pb; /* pa, pb 为整型指针变量 */
  pa=&a;     /* pa 指向变量 a */
  pb=&b;     /* pb 指向变量 b */
  s=*pa+*pb; /* 求 a+b 之和，(*pa 就是 a，*pb 就是 b) */
  t=*pa**pb; /* 求 a*b 之积 */
  printf ("a=%db=%da+b=%da*b=%d\n", a, b, a+b, a*b) ;
  printf ("s=%dt=%d\n", s, t) ;
  getch () ;
}
```

程序运行后，输出结果如图 6.4 所示。

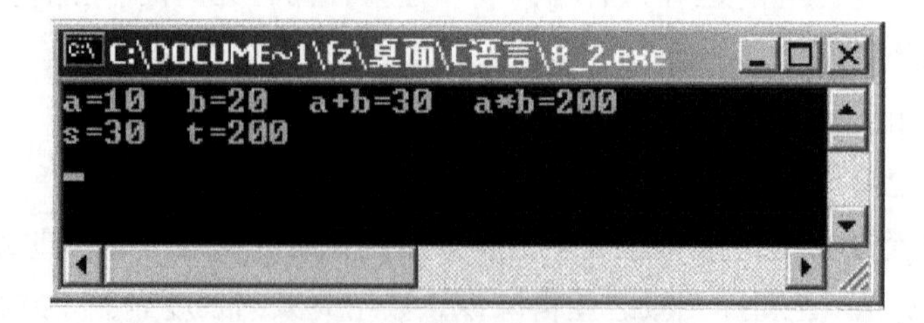

图 6.4 例 6.2 运行结果

指针变量还可以与 0 比较。设 p 为指针变量，则 p==0 表明 p 是空指针，它不指向任何变量；p!=0 表示 p 不是空指针。空指针是由对指针变量赋予 0 值而得到的。

例如：#define NULL 0

int *p=NULL;

对指针变量赋 0 值和不赋值是不同的。指针变量未赋值时，可以是任意值，是不能使用的，否则将造成意外错误。而指针变量赋 0 值后，则可以使用，只是它不指向具体的变量而已。

例 6.3　通过指针输出三个数中的最大数和最小数。

```
void main ()
{
  int a, b, c, *pmax, *pmin;
  printf ("input three numbers:\n") ;
  scanf ("%d%d%d", &a, &b, &c) ; /* 从键盘输入三个数字 */
  if (a>b)
  {
     pmax=&a;  /* pmax 放三个数中最大数 */
     pmin=&b;  /* pmin 三个数中最小数 */
  }
  else
  {
     pmax=&b;
     pmin=&a;
  }
  if (c>*pmax) pmax=&c;
  if (c<*pmin) pmin=&c;
  printf ("max=%d\nmin=%d\n", *pmax, *pmin) ;
  getch () ;
}
```

程序运行后，输出结果如图 6.5 所示。

图 6.5　例 6.3 运行结果

任务 2　使用指针输出学生一门课的成绩

知识目标	掌握指向一维数组元素的指针 掌握一维数组元素的指针访问方法
能力目标	能够利用指针引用数据 调试运行 C 程序
素质目标	培养学生对新事物的接受能力 培养学生自我学习的能力
重点内容	指向一维数组元素的指针
难点内容	一维数组的指针访问方式

6.2.1　任务描述

计算机应用技术班 30 个同学进行了一次考试，要求使用指针实现全班同学成绩的输入输出。

为了程序运行方便，以 10 个学生为例。

6.2.2　任务实现

```
#include <stdio.h>
main ()
{ int score[10], *p, i;
  p= score;
  printf ("Please input 10 score: ") ;
  for (i=0; i<10; i++)
     scanf ("%d", p+i) ;
  printf ("\noutput 10 score : \n") ;
  for (p=score; p<score+10; p++)
     printf ("%4d", *p) ;
  printf ("\n") ;
}
```

程序运行结果如图 6.6 所示。

图 6.6　任务 2 执行结果

6.2.3　任务分析

本段程序并没有直接对数组进行赋值和输出，而是采用指针的方式，利用指针指向一维数组，引用数组元素。

6.2.4　知识链接

一个变量对应一个起始地址，一个数组包含若干个数组元素，这若干个数组元素在内存中占用的存储单元的地址是连续的。引用数组元素可以用下标法（如 a[1]），也可以用指针法，即通过指向数组元素的指针引用数组元素，使用指针法能使目标程序质量更高（占内存少，运行速度快）。

（1）一维数组与指针

指向数组的指针变量称为数组指针变量。在讨论数组指针变量的说明和使用之前，先明确几个关系。

数组占用一串连续的存储单元，数组名就是这块连续内存单元的首地址，是一个地址常量。一个数组是由各个数组元素组成的，每个数组元素按其类型不同占有不同的连续内存单元，一个数组元素的首地址也是指它所占有的几个内存单元的首地址。一个指针变量既可以指向一个数组，也可以指向一个数组元素，可把数组名或某个元素的地址赋予它。如要使指针变量指向第 i 个元素，可以把 i 元素的首地址赋予它或把数组名加 i 赋予它。

例：int a[10], *q=&a[0], *p=&a[2]; 或 int a[10], *q=a, *p=a+2;

如图 6.7 所示。

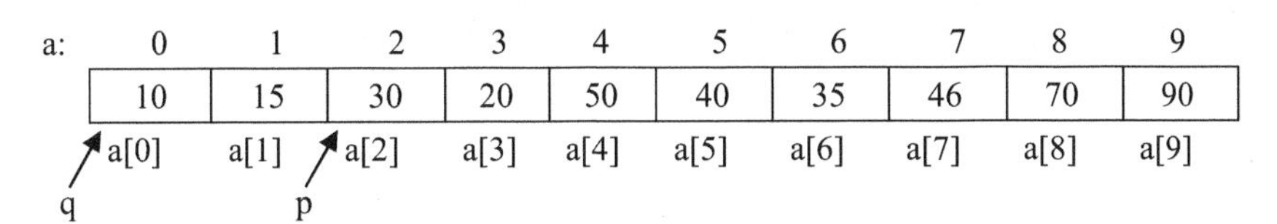

图 6.7　指针指向一个数组元素

设有数组 a，指向 a 的指针变量为 p 和 q，从图 6.7 中我们可以看出有以下关系：

q, a, &a[0] 均指向同一单元，它们是数组 a 的首地址，也是 0 号元素 a[0] 的首地址。q+1, a+1, &a[1] 均指向元素 a[1]。类推可知 q+i, a+i, &a[i] 指向元素 a[i]。应该说明的是 q 是变量，而 a、&a[i] 都是地址常量，在编程时应予以注意。

引入指针变量后，就可以用两种方法来访问数组元素了。

第一种方法为下标法，即用 a[i] 形式访问数组元素，在项目四中介绍数组时都是采用这种方法。

第二种方法为指针法，即采用 *(p+i) 形式，用间接访问的方法来访问数组元素。

例 6.4 通过指针引用数组元素。

```
void main ()
{
  int a[5], i, *pa;
  pa=a; /* pa 指向数组 a 的首地址，即 &a[0]*/
  for (i=0; i<5; i++)
  {
     *pa=i;  /* 给指针 pa 指向地址赋内容，即给 a[i] 赋值 */
     pa++;  /* 指针加 1，即指针 pa 指向下一个数组元素 */
  }
  pa=a;  /* 指针 pa 回到数组 a 的首地址  */
  for (i=0; i<5; i++)
    printf ("a[%d]=%d\n", i, * (pa+i) ); /* 通过指针 pa 输出数组 a 的所有元素值 */
}
```

程序运行后，输出结果如图 6.8 所示。

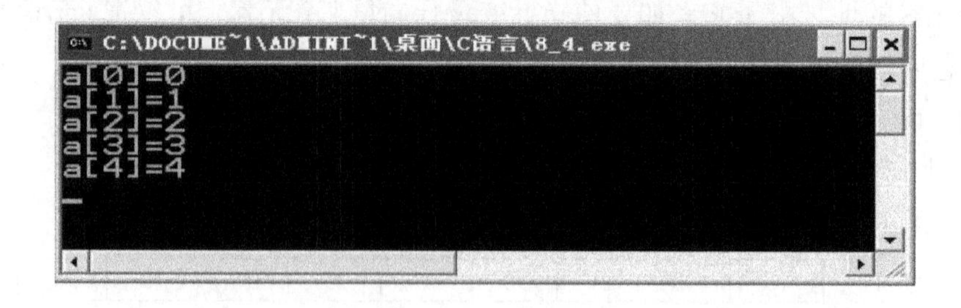

图 6.8　例 6.4 运行结果

下面的程序与上例意义相同，但是实现方式不同，读者可以通过比较体会优劣。

```
void main ()
{
  int a[5], i, *pa=a;
  for (i=0; i<5; i++)
  {
      *pa=i;
      printf ("a[%d]=%d\n", i, *pa++) ;
  }
}
```

（2）字符串与指针

在C语言中，既可以用字符数组表示字符串，也可用字符指针变量来表示；引用时，既可以逐个字符引用，也可以整体引用。

对指向字符变量的指针变量应赋予该字符变量的地址。如：char c, *p=&c; 表示 p 是一个指向字符变量 c 的指针变量。而：char *s="C Language"; 则表示 s 是一个指向字符串的指针变量，把字符串的首地址赋予 s。

1）逐个引用

例 6.5　使用字符指针变量表示和引用字符串。

```
void main ()
  { char *string="I am a chinese.";
    for (; *string!='\0'; string++)
        printf ("%c", *string) ;
    printf ("\n") ;
    getch () ;
}
```

程序运行后，输出结果如图 6.9 所示。

图 6.9　例 6.5 运行结果

程序说明：char *string=" I am a chinese."; 语句定义并初始化，给字符指针变量 string 赋字符串常量“I am a chinese.”的首地址（由系统自动开辟、存储串常量的内存块的首地址）。

该语句也可分成如下所示的两条语句：

char *string；

string=" I am a chinese."；

注意：字符指针变量 string 中，仅存储串常量的地址，而串常量的内容（即字符串本身），是存储在由系统自动开辟的内存块中，并在串尾添加一个结束标志“\0”。

2）整体引用

例 6.6 采取整体引用的办法，改写例 6.5。

```
/* 程序功能：使用字符指针变量表示和引用字符串 */
void main ()
  { char *string="I am a chinese.";
    printf ("%s\n", string) ;
    getch () ;
  }
```

程序说明：printf ("%s\n", string) ; 语句通过指向字符串的指针变量 string，整体引用它所指向的字符串的原理：系统首先输出 string 指向的第一个字符，然后使 string 自动加 1，使之指向下一个字符；重复上述过程，直至遇到字符串结束标志。

注意：其他类型的数组，是不能用数组名来一次性输出它的全部元素的，只能逐个元素输出。

例 6.7 利用指针输出部分字符。

```
void main ()
{
  char *ps="This is a book";
  int n=10;
  ps=ps+n;
  printf ("%s\n", ps) ;
}
```

程序运行后，输出结果如图 6.10 所示。

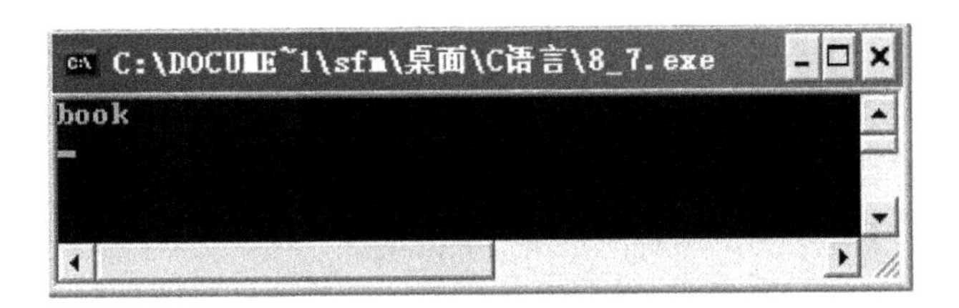

图 6.10　例 6.7 运行结果

在程序中对 ps 初始化时，即把字符串首地址赋予 ps，当 ps= ps+10 之后，ps 指向字符“b”，因此输出为“book”。

例 6.8　查找字符串中的字符。

```
/* 程序功能：在输入的字符串中查找有无‘k’字符 */
void main ()
{
  char st[20], *ps;
  int i;
  ps=st;   /* 指针 ps 指向数组 st 的首地址 */
  printf ("Input a string:\n") ;
  scanf ("%s", ps) ; /* 通过指针 ps 给数组 st 赋初值 */
  for (i=0; ps[i]!='\0'; i++)
     if (ps[i]=='k')
     {{
        printf ("There is a 'k' in the string.\n") ;
        break;
     }
  if (ps[i]=='\0') printf ("There is no 'k' in the string.\n") ; }
}
```

程序运行后，输出结果如图 6.11 所示。

```
C:\DOCUME~1\sfm\桌面\C语言\8_8.exe
Input a string:
program
There is no 'k' in the string.
```

图 6.11　例 6.8 运行结果

例 6.9 利用指针实现字符串复制。

本程序的功能是把字符串指针作为函数参数传递，要求把一个字符串的内容复制到另一个字符串中，并且不能使用 strcpy 函数。函数 cpystr 的形参为两个字符指针变量。pss 指向源字符串，pds 指向目标字符串。

```
void cpystr (char *pss, char *pds)
{
  while ( (*pds=*pss) !='\0')
  {
    pds++;
    pss++;
  }
}
void main ()
{
    char *pa="CHINA", b[10], *pb;
    pb=b;
    cpystr (pa, pb) ;
    printf ("string pa=%s\nstring pb=%s\n", pa, pb) ;
}
```

程序运行后，输出结果如图 6.12 所示。

图 6.12 例 6.9 运行结果

例 6.9 中，程序完成了两项工作：一是把 pss 指向的源字符复制到 pds 所指向的目标字符中，二是判断所复制的字符是否为 '\0'，若是则表明源字符串结束，不再循环。否则，pds 和 pss 都加 1，指向下一字符。在主函数中，以指针变量 pa、pb 为实参，分别取得确定值后调用 cpystr 函数。由于采用的指针变量 pa 和 pss, pb 和 pds 均指向同一字符串，因此在主函数和 cpystr 函数中均可使用这些字符串。也可以把 cpystr 函数简化为以下形式：

```
cpystr (char *pss, char*pds)
{while ( (*pds++=*pss++) !='\0') ; }
```

即把指针的移动和赋值合并在一个语句中。进一步分析还可发现‘\0’的 ASCⅡ码为 0，对于 while 语句只看表达式的值为非 0 就循环，为 0 则结束循环，因此也可省去“!= '\0'”这一判断部分，而写为以下形式：

```
cpystr (char *pss, char *pds)
{while (*pds++=*pss++) ; }
```

表达式的意义可解释为，源字符向目标字符赋值，移动指针，若所赋值为非 0 则循环，否则结束循环，这样使程序更加简洁。简化后的程序如下所示：

```
void cpystr (char *pss, char *pds)
{
  while (*pds++=*pss++) ;
}
void main ()
{
  char *pa="CHINA", b[10], *pb;
  pb=b;
  cpystr (pa, pb) ;
  printf ("string a=%s\nstring b=%s\n", pa, pb) ;
}
```

3）使用字符串指针变量与字符数组的区别

用字符数组和字符指针变量都可实现字符串的存储和运算，但是两者是有区别的。在使用时应注意以下几个问题：

①字符串指针变量本身是一个变量，用于存放字符串的首地址，而字符串本身是存放在以该首地址为首的一块连续的内存空间中，并以“\0”作为串的结束；字符数组是由若干个数组元素组成的，它可用来存放整个字符串。

②对字符串指针方式 char *ps="C Language"; 可以写为：char *ps; ps="C Language"; 而对数组方式：char st[]="C Language"; 不能写为：char st[20]; st="C Language"; 而只能对字符数组的各元素逐个赋值。

从以上几点可以看出字符串指针变量与字符数组在使用时的区别，同时也可看出使用指针变量更加方便。前面说过，当一个指针变量在未取得确定地址前使用是危险的，容易引起错误。但是对指针变量直接赋值是可以的。因为 C 系统对指针变量赋值时要给以确定的地址。因此，char *ps="C Language"; 或者 char *ps; ps="C Language"; 都是合法的。

（3）用数组名作函数参数

在项目五中曾经介绍过用数组名作函数的实参和形参的问题，在学习指针变量之后就更容易理解这个问题了。数组名就是数组的首地址，实参向形参传送数组名实际上就是传送数组的地址，形参得到该地址后也指向同一数组，这就好像同一件物品有两个彼此不同的名称一样。同样，指针变量的值也是地址，数组指针变量的值即为数组元素的地址，当然也可作为函数的参数使用。

在指针做函数的参数的传递过程中，实参要传变量的地址，形参要定义成指针变量。

例 6.10 指针做函数的参数。

```
float aver (float *pa) ;
void main ()
{
  float score[5], av, *sp;
  int i;
  sp=score; /* sp 指向数组 score 的首地址，即 & score[0]*/
  printf ("\ninput 5 scores:\n") ;
  for (i=0; i<5; i++)
    scanf ("%f", &score[i]) ; /* 给数组 score 输入值 */
  av=aver (sp) ; /* 函数调用，实参为指针变量 */
  printf ("average score is %5.2f", av) ;
}
float aver (float *pa)  /* 形参定义为指针 */
{
  int i;
  float av, sum=0;
  for (i=0; i<5; i++)
    sum=sum+* (pa+i) ; /* 求和 */
  av=sum/5;   /* 求平均值 */
  return av;
}
```

程序运行后，输出结果如图 6.13 所示。

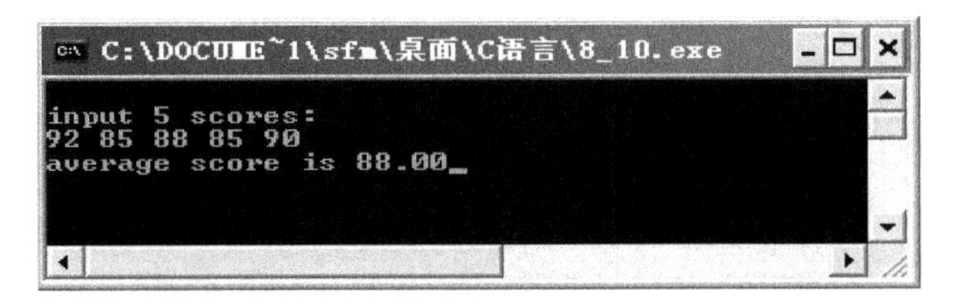

图 6.13　例 6.10 运行结果

任务 3　用指针输出班级三门课成绩

知识目标	掌握指向二维数组元素的指针的使用方法 掌握二维数组元素的指针访问方式
能力目标	能够应用指针引用二维数组 调试运行 C 程序
素质目标	培养学生对新事物的接受能力 培养学生自我学习的能力
重点内容	指向二维数组元素的指针
难点内容	二维数组的指针访问方式

6.3.1　任务描述

计算机应用技术班 30 个同学进行了三门课的考试，现要用指针实现学生三门课成绩的输入输出。

6.3.2　任务实现

方法一：

```
#include <stdio.h>
void main ()
{
  int s[4][3];
  int i, j, (*p) [3];
```

```
  p=s;
  for (i=0; i<4; i++)
    { for (j=0; j<3; j++)
      scanf ("%d", (* (p+i) +j) ) ;  }
   printf ("*****************\n") ;
   for (i=0; i<4; i++)
     { for (j=0; j<3; j++)
          printf ("%8d", * (* (p+i) +j) ) ;  printf ("\n") ;
 } }
```

方法二：

```
#include <stdio.h>
void main ()
{
   int s[4][3];
   int i, j;
   for (i=0; i<4; i++)
    { for (j=0; j<3; j++)
       scanf ("%d", (* (s+i) +j) ) ; }
 printf ("*****************\n") ;
 for (i=0; i<4; i++)
    {  for (j=0; j<3; j++)
       printf ("%8d", * (* (s+i) +j) ) ;
       printf ("\n") ;
 } }
```

程序运行结果如图 6.14 所示（为了调试方便，将 30 改为 4）。

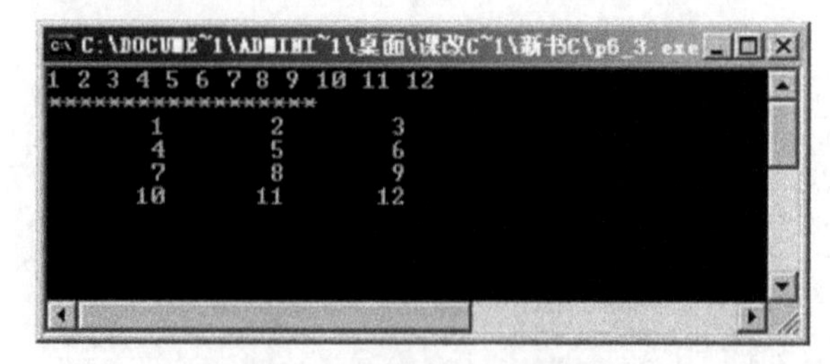

图 6.14　任务 3 执行结果

6.3.3 任务分析

本任务是利用指针实现对二维数组的引用。

6.3.4 知识链接

（1）二维数组的地址

我们知道指针和地址密切相关，要清楚地理解二维数组指针，首先必须对二维数组地址有清晰的认识。

假设一个二维数组 int s[3][4]。

s 数组是一个 3×4（3 行 4 列）的二维数组。可以将它想象为一个矩阵。各个数组元素按行存储，即先存储 s[0] 行各个元素（s[0][0], …s[0][3]），再存储 s[1] 行各个元素 (s[1][0], …s[1][3])，最后存储 s[2] 行各个元素 (s[2][0], …s[2][3]) 。

二维数组 s 可以看成由三个一维数组作为数组元素的数组：

C 语言中，数组的元素允许是系统定义的任何类型，也可以是自己定义的任何类型，也就是说如果将每一行数组元素作为一个整体，那么 s 数组可以看作为一个一维的数组，在这个一维数组中每个数组元素表示为：s[0], s[1], s[2]。

一维数组 s 的每个数组元素 s[0], s[1], s[2] 本身不是数值，它们又分别是三个一维数组，这三个一维数组的数组名分别是 s[0], s[1], s[2]。

根据一维数组地址、指针的概念可以知道：s 是元素为行数组的一维数组的数组名，就是说 s 是元素为行数组的一维数组的首地址。s+i 就是元素为行数组的一维数组的第 i 个元素的地址，即：*(s+i) =s[i]。

同理：s[i] (i=0 ～ 2) 是第 i 个行数组的数组名，s[i]+j 就是第 i 个行数组中第 j 个元素的地址。根据一维数组地址的概念，二维数组任何一个元素 s[i][j] 的地址可以表示为：

① &s[i][j]

② s[i]+j

③ *(s+i) +j

④ &s[0][0]+4*i+j

⑤ s[0]+ 4*i+j

由地址和元素的关系可知，二维数组任何一个元素可以表示为：

① s[i][j]

② *(s[i]+j)

③ *(*(s+i) +j)

④ *(&s[0][0]+4*i+j)

⑤ (*(s+i)) [j]

(2) 行指针变量

行指针变量即指向由 n 个元素组成的一维数组的指针变量。

1) 定义格式

类型说明符 (* 指针变量) [n]; /* n 是常量表达式 */

注意：“* 指针变量”外的括号不能缺，否则成了指针数组（即数组的每个元素都是一个指针——指针数组）。

2) 赋值

行指针变量 = 二维数组名 ;

若有以下定义：

int a[3][4], (*p) [4]; p=a; 可以通过以下形式来引用 a[i][j]：

① p[i][j] /* 与 a[i][j] 对应 */

② * (p[i]+j) /* 与 * (a[i]+j) 对应 */

③ * (* (p+i) +j) /* 与 * (* (a+i) +j) 对应 */

④ (* (p+i)) [j] /* 与 (* (a+i)) [j] 对应 */

例 6.11 指向二维数组的指针变量应用。

```
void main ()
{
  int a[3][4]={0, 1, 2, 3, 4, 5, 6, 7, 8, 9, 10, 11};
  int (*p) [4];
  int i, j;
  p=a;
  for (i=0; i<3; i++)
    { for (j=0; j<4; j++)
        printf ("%4d ", * (* (p+i) +j) ) ;
      printf ("\n ") ;
    }
}
```

程序运行后，输出结果如图 6.15 所示。

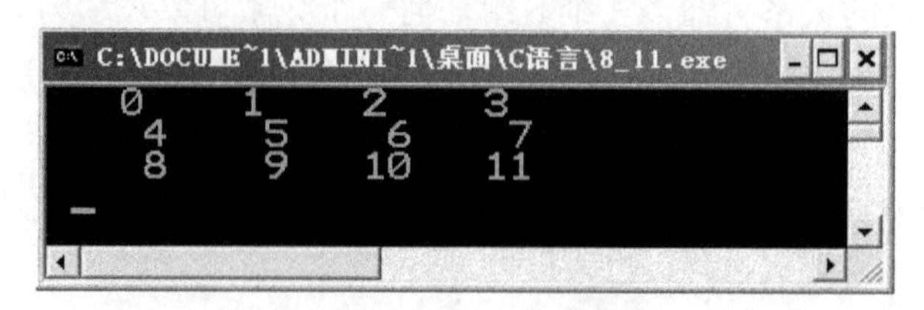

图 6.15 例 6.11 运行结果

（3）指针数组

1）定义格式

指针数组说明的一般形式为：

类型说明符 * 数组名 [数组长度]

其中类型说明符为指针值所指向的变量的类型。例如： int *pa[3] 表示 pa 是一个指针数组，它有三个数组元素，每个元素值都是一个指针，指向整型变量。通常可用一个指针数组来指向一个二维数组，指针数组中的每个元素被赋予二维数组每一行的首地址，因此也可理解为指向一个一维数组。

2）赋值

若有以下定义：

int a[3][4], *p[3];

让 p 指向数组 a 需要用以下语句：for (i=0; i<3; i++) p[i]=a[i];

可以通过以下形式来引用 a[i][j]：

① p[i][j]　 /* 与 a[i][j] 对应 */

② * (p[i]+j)　/* 与 * (a[i]+j) 对应 */

③ * (* (p+i) +j) /* 与 * (* (a+i) +j) 对应 */

④ (* (p+i)) [j] /* 与 (* (a+i)) [j] 对应 */

例 6.12　指针数组应用。

```
void main ()
{
  int i, j;
  int a[3][4]={1, 2, 3, 4, 5, 6, 7, 8, 9, 10, 11, 12}, *pa[3];
  for (i=0; i<3; i++)
      pa[i]=a[i];
  for (i=0; i<3; i++)
       for (j=0; j<4; j++)
            printf ("%d, ", a[i][j]) ;
  printf ("\n ") ;
  for (i=0; i<3; i++)
     for (j=0; j<4; j++)
         printf ("%d, ", pa[i][j]) ;
  printf ("\n ") ;
  getch () ;
}
```

程序运行后，输出结果如图 6.16 所示。

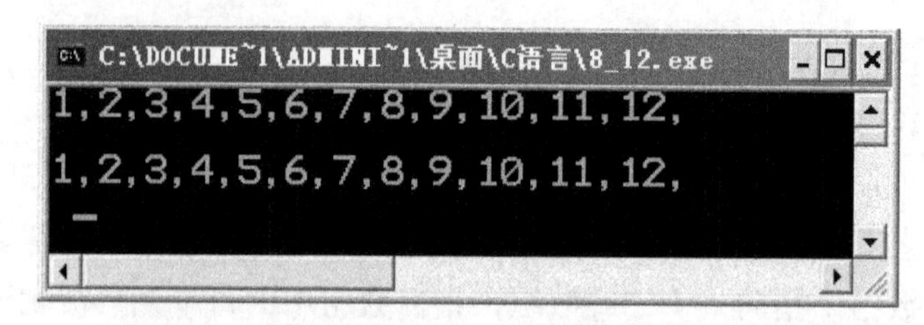

图 6.16　例 6.12 运行结果

本例程序中，pa 是一个指针数组，三个元素分别指向二维数组 a 的各行，然后用循环语句输出指定的数组元素。读者可仔细领会元素值的各种不同的表示方法。应该注意指针数组和行指针变量的区别，这两者虽然都可用来表示二维数组，但是其表示方法和意义是不同的。

行指针变量是单个的变量，其一般形式中“(* 指针变量名)”两边的括号不可少。而指针数组类型表示的是多个指针(一组有序指针)在一般形式中“* 指针数组名”两边不能有括号。例如：int (*p) [3]; 表示一个指向二维数组的指针变量，该二维数组的列数为 3 或分解为一维数组的长度为 3。int *p[3] 表示 p 是一个指针数组，有三个下标变量 p[0]，p[1]，p[2] 均为指针变量。

指针数组也常用来表示一组字符串，这时指针数组的每个元素被赋予一个字符串的首地址。

(4) main 函数的参数

前面介绍的 main 函数都是不带参数的，因此 main 后的括号都是空括号。实际上，main 函数可以带参数，这个参数可以认为是 main 函数的形式参数。C 语言规定 main 函数的参数只能有两个，习惯上这两个参数写为 argc 和 argv。因此，main 函数的函数头可写为：

main (int argc, char *argv[])，C 语言还规定 argc (第一个形参) 必须是整型变量，argv (第二个形参) 必须是指向字符串的指针数组。

由于 main 函数不能被其他函数调用，因此不可能在程序内部取得实际值。那么，在何处把实参值赋予 main 函数的形参呢？实际上，main 函数的参数值是从操作系统命令行上获得的。当我们要运行一个可执行文件时，在 DOS 提示符下键入文件名，再输入实际参数即可把这些实参传送到 main 的形参中去。

DOS 提示符下命令行的一般形式为：C:\ 可执行文件名 参数 参数……，但是应该特别注意的是，main 的两个形参和命令行中的参数在位置上不是一一对应的。因为 main 的形参只有两个，而命令行中的参数个数原则上未加限制。argc 参数表示了命令行中参数的个数（**注意：**文件名本身也算一个参数），argc 的值是在输入命令行时由系统按实际参数的个数自动赋予的。例如有命令行为：C:\file1 BASIC dbase FORTRAN，由于文件名 file1 本身也算一个参数，所以共有 4 个参数，因此 argc 取得的值为 4；argv 参数是字符串指针数组，其各元素值为命令行中各字符串（参数均按字符串处理）的首地址。指针数组的长度即为参数个数，数组元素初值由系统自动赋予。

```
main (int argc, char *argv[])
{
  while (argc-->1)
  printf ("%s\n", *++argv) ;
}
```

本例是显示命令行中输入的参数，如果上例的可执行文件名为 file2.exe，存放在 C 驱动器的盘内。

因此输入的命令行为：C:\file2 BASIC dBASE FORTRAN

则运行结果为：

```
BASIC
dBASE
FORTRAN
```

该行共有 4 个参数，执行 main 时，argc 的初值即为 4。argv 的 4 个元素分为 4 个字符串的首地址。执行 while 语句，每循环一次 argc 值减 1，当 argc 等于 1 时停止循环，共循环三次，因此共可输出三个参数。在 printf 函数中，由于打印项 *++argv 是先加 1 再打印，故第一次打印的是 argv[1] 所指的字符串 BASIC。第二、三次循环分别打印后两个字符串。而参数 file2 是文件名，没有输出。

在前面已经介绍过，通过指针访问变量称为间接访问，简称间访。由于指针变量直接指向变量，所以称为单级间访。而如果通过指向指针的指针变量来访问变量则构成了二级或多级间访。在 C 语言程序中，对间访的级数并未明确限制，但是间访级数太多时不容易理解，也容易出错，因此，一般很少超过二级间访。

指向指针的指针变量说明的一般形式为：

类型说明符 ** 指针变量名；

例如：int **pp; 表示 pp 是一个指针变量，它指向另一个指针变量，而这个指针变量指向一个整型量。下面举一个例子来说明这种关系。

```
main ()
{
  int x, *p, **pp;
```

```
    x=10;
    p=&x;
    pp=&p;
    printf ("x=%d\n", **pp) ;
  }
```

上例程序中 p 是一个指针变量，指向整型量 x；pp 也是一个指针变量，它指向指针变量 p，通过 pp 变量访问 x 的写法是 **pp，程序最后输出 x 的值为 10。通过上例，读者可以学习指向指针的指针变量的说明和使用方法。

（5）指针应用举例

例 6.13 将一组字符串按字典顺序排序输出。

分析：由于各字符串的长度不同，使用二维数组增加了存储管理的负担，用指针数组能很好地解决这个问题。把所有的字符串存放在一个数组中，把这些字符数组的首地址放在一个指针数组中，当需要交换两个字符串时，只需交换指针数组相应两元素的地址即可，而不必交换字符串本身。程序中定义了两个函数，一个名为 sort 完成排序，其形参为指针数组 name，即为待排序的各字符串数组的指针。形参 n 为字符串的个数。另一个函数名为 print，用于排序后字符串的输出，其形参与 sort 的形参相同。主函数 main 中，定义了指针数组 name 并做了初始化赋值。然后分别调用 sort 函数和 print 函数完成排序和输出。值得说明的是在 sort 函数中，对两个字符串比较，采用了字符串比较 strcmp 函数，strcmp 函数允许参与比较的串以指针方式出现。name[k] 和 name[j] 均为指针，因此是合法的。字符串比较后需要交换时，只交换指针数组元素的值，而不交换具体的字符串，这样将大大减少时间的开销，提高了运行效率。

程序如下：

```
#include"string.h"
void sort (char *name[], int n) ;
void print (char *name[], int n) ;
void main ()
{
  static char *name[]={"Mon", "Tues", "Wednes", "Thurs", "Fri", "Satur", "Sun"};
  int n=7;
  sort (name, n) ;
  print (name, n) ;
}
```

```
void sort (char *name[], int n)
{
  char *pt;
  int i, j, k;
  for (i=0; i<n-1; i++)
  {
      k=i;
      for (j=i+1; j<n; j++)
          if (strcmp (name[k], name[j]) >0) k=j;
      if (k!=i)
      {
          pt=name[i];
          name[i]=name[k];
          name[k]=pt;
      }
  }
}
void print (char *name[], int n)
{
  int i;
  printf ("\nThe sorted strings:\n") ;
  for (i=0; i<n; i++) printf ("%s", name[i]) ;
}
```

程序运行后，输出结果如图 6.17 所示。

图 6.17　例 6.13 运行结果

sort() 函数调用前后指针数组 name 的指向如图 6.18 所示。

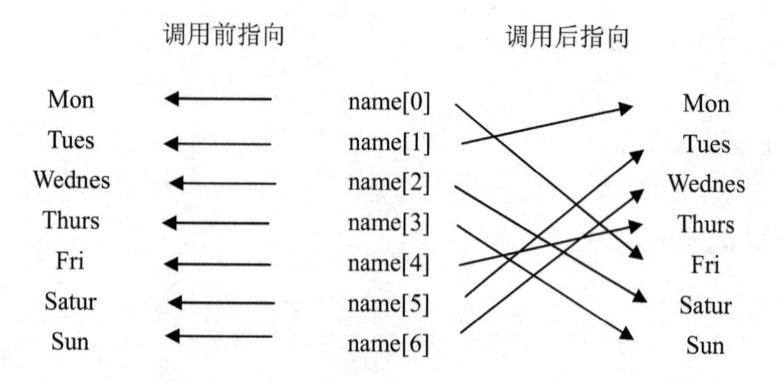

图 6.18　排序前后指针数组 name 的指向

习题六

一、选择题

1. 若有说明语句：int a, b, c, ∗d=&c; ，则能正确从键盘读入三个整数分别赋给变量 a、b、c 的语句是（　）。

A. scanf ("%d%d%d", &a, &b, d) ;

B. scanf ("%d%d%d", &a, &b, &d) ;

C. scanf ("%d%d%d", a, b, d) ;

D. scanf ("%d%d%d", a, b, ∗d) ;

2. 若定义：int a=511, ∗b=&a; ，则 printf ("%d\n", ∗b) ; 的输出结果为（　）。

A. 无确定值　　　　B. a 的地址

C. 512　　　　D. 511

3. 不合法的 main 函数命令行参数表示形式是（　）。

A. main (int a, char ∗c[])　　　　B. main (int arc, char ∗∗arv)

C. main (int argc, char ∗argv)　　　　D. main (int argv, char ∗argc[])

4. 以下程序调用 findmax () 函数返回数组中的最大值。

```
findmax (int *a, int n)
{
  int *p, *s;
  for (p=a, s=a; p-a<n; p++)
  if (____)
  s=p;
```

```
    return (*s) ;
  }
  main ()
  {
    int x[5]={12, 21, 13, 6, 18};
    printf ("%d\n", findmax (x, 5) ) ;
  }
```

在下划线处应填入的是（　）。

A. p>s　　B. *p>*s

C. a[p]>a[s]　　D. p−a>p−s

5. 若有定义：int x, *pb; 则以下正确的赋值表达式是（　）。

A. pb=&x　　B. pb=x

C. *pb=x　　D. *pb=*x

6. 已知指针 p 指向如图 6.19 所示，则执行语句 *p++; 后，*p 的值是（　）。

A. 20　　B. 30

C. 21　　D. 31

a[0]	a[1]	a[2]	a[3]	a[4]
10	20	30	40	50

p ↑

图 6.19　指针 P 指向

7. 已知指针 p 指向如图 6.19 所示，则表达式 *++p 的值是（　）。

A. 20　　B. 30　　C .21　　D. 31

8. 已知指针 p 指向如图 8.19 所示，则表达式 ++*p 的值是（　）。

A. 20　　B. 30　　C. 21　　D. 31

9. 以下程序的输出结果是（　）。

A. 4　　B. 6　　C. 8　　D. 10

```
main ()
{  int k=2, m=4, n=6;
   int *pk=&k, *pm=&m, *p;
   * (p=&n) =*pk* (*pm) ;
    printf ("%d\n", n) ;
```

```
}
```

10. 以下程序的输出结果是（　）。

A. 运行出错　　B. 100

C. a 的地址　　D. b 的地址

```
main ()
{  int **k, *a, b=100;
   a=&b, k=&a;
   printf ("%d\n", **k ) ;
}
```

二、填空题

1. 以下程序的输出结果是_______。

```
#include<stdio.h>
main ()
{
  int i;
  int *ip;
  ip=&i;
  i=2;
  printf ("%d, %d\n", i, *ip) ;
  *ip=100;
  printf ("%d, %d\n", i, *ip) ;
}
```

2. 以下程序的输出结果是_______。

```
int *var, ab;
ab=100;  var=&ab;  ab=*var+10;
printf ("%d\n", *var) ;
```

3. 若有定义语句：char ch;

（1）使指针 p 可以指向变量 ch 的定义语句是_______。

（2）使指针 p 可以指向变量 ch 的赋值语句是_______。

（3）通过指针 p 给变量 ch 读入字符的 scanf 函数调用语句是_______。

（4）通过指针 p 给变量 ch 赋字符的语句是_______。

（5）通过指针 p 输出 ch 中字符的语句是_______。

4. 若有如图 6.20 所示 5 个连续的 int 类型的存储单元并赋值，且 p 和 s 的基类型皆为 int，p 已指向存储单元 a[1]。

a[0]	a[1]	a[2]	a[3]	a[4]
10	20	30	40	50
	p ↑			

图 6.20　5 个连续的 int 类型的存储单元并赋值情况

（1）通过指针 p 给 s 赋值，使其指向最后一个存储单元 a[4] 的语句是________。

（2）用以移动指针 s，使之指向中间的存储单元 a[2] 的表达式是________。

（3）已知 k=2，指针 s 已指向存储单元 a[2]，表达式 *(s+k) 的值是________。

（4）指针 s 已指向存储单元 a[2]，不移动指针 s，通过 s 引用存储单元 a[3] 的表达式是________。

（5）指针 s 指向存储单元 a[2]，指针 p 指向 a[0]，表达式 s−p 的值是________。

（6）指针 p 指向 a[0]，以下语句的输出结果是________。

```
for (i=0; i<5; i++)  printf ("%d ", * (p+i) ) ;
```

三、编程题

1. 编写一个函数能够将两个字符串合并（要求用指针实现）。

2. 编写函数，对传过来的三个整数选出最大和最小，并通过形参传回调用函数。

3. 设有一 10 个整数的数组，编程函数实现逆序存放数组中的各元素。

项目七

基于结构体开发学生成绩管理系统

学习情境

计算机应用技术班期中考试后，要求对成绩进行处理，需要设计一个程序，实现下列功能：

1. 利用结构体输入输出学生信息；
2. 输出最高分的学生的信息；
3. 按降序方式输出学生成绩单。

学习目标

了解结构体、联合体、枚举的相关定义；

掌握结构体的定义方法、成员的引用、变量的初始化和赋值的相关操作；

掌握结构体数组、结构体指针变量、结构体链表的构成；

掌握联合体的定义赋值使用；

掌握枚举定义和变量赋值使用。

任务 1　利用结构体数组输入输出学生信息

知识目标	熟练掌握结构体的定义 学会结构体数组的复制初始化方法 学会各种不同的结构体的输入输出方法
能力目标	学会各种结构体的定义方法 能使用结构体进行编程
素质目标	培养学生对新事物的接受能力 培养学生自我学习的能力

续表

重点内容	结构体、结构体数组的定义 结构体变量的赋值、引用 结构体成员的输出
难点内容	结构体数组、结构体指针的赋值、引用

7.1.1 任务描述

计算机应用技术班在期末考试要求处理他们的成绩，要求设计一个程序，实现下列功能：

（1）新建一个文件 p7_1.c；

（2）创建结构体数组 student，包含五个学生，并实现学生信息的输入和输出。

7.1.2 任务实现

```
    #include <stdio.h>
    #define N 5
    struct student        /* 定义结构体 student，里面包含三个参数：学号、成绩、
姓名 */
    {
      int number;
      int score[3];
      char name[20];
    };
    int main ()  /* 主函数 */
    {
       int i;
       struct student student[N];  /* 定义结构体数组，包含 5 个学生 */
       printf ("please input number、name、score (3) :\n") ;
       for (i=0; i<N; i++)
       {
          scanf ("%d%s%d%d%d", &student[i].number, student[i].name, &student[i].
          score[0], &student[i].score[1], &student[i].score[2]) ;
       }
```

```
    printf ("output  number  name  score (3) :\n") ;
    for (i=0; i<N; i++)  /* 使用循环语句为结构体数组输出 */
      printf ("%d  %s  %d  %d  %d \n", student[i].number, student[i].name,
        student[i].score[0], student[i].score[1], student[i].score[2]) ;
    getch () ;
  }
```

程序执行后，输出结果如图 7.1 所示。

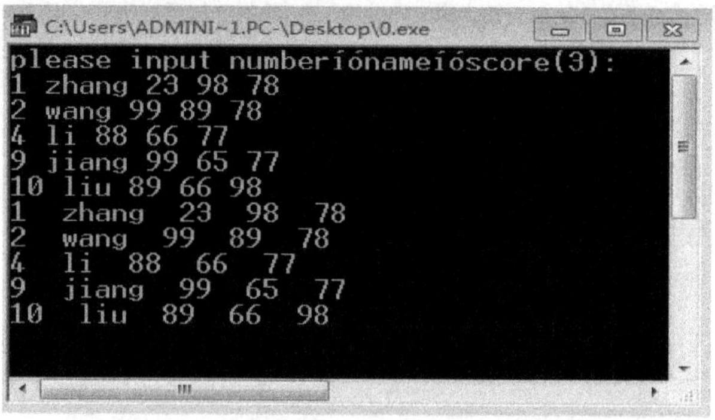

```
C:\Users\ADMINI~1.PC-\Desktop\0.exe
please input numberíónameíóscore(3):
1 zhang 23 98 78
2 wang 99 89 78
4 li 88 66 77
9 jiang 99 65 77
10 liu 89 66 98
1  zhang  23  98  78
2  wang  99  89  78
4  li  88  66  77
9  jiang  99  65  77
10  liu  89  66  98
```

图 7.1　任务 1 运行结果

7.1.3　任务分析

（1）这个程序是使用结构体进行编程的。

（2）在实际问题中，一组数据往往具有不同的数据类型。例如，在学生登记表中，每个学生都有姓名、学号、年龄、性别、成绩等，姓名应为字符型，学号可为整型或字符型，年龄应为整型，性别应为字符型，成绩可为整型或实型。显然不能用前面学过的数组来存放这一组数据，因为数组中各元素的类型和长度都必须一致，为了解决这个问题，C 语言给出了另一种构造数据类型——结构体。

7.1.4　知识链接

（1）结构体类型定义

定义一个结构体的一般形式为：

```
struct 结构体名
{
  成员列表 ;
};
```

成员列表由若干个成员组成，每个成员都是该结构体的一个组成部分，对每个成员也必须作类型说明，跟前面定义变量的形式一样，其形式为：

类型说明符　成员名；

成员名的命名应符合标识符的命名规则。例如：

```
struct student
{ int num;
   char name[20];
   char sex;
   float score;
};
```

在这个结构体定义中，结构体名为 student，该结构体由 4 个成员组成：第一个成员为 num，整型变量；第二个成员为 name，字符数组；第三个成员为 sex，字符变量；第四个成员为 score，实型变量，应注意在大括号后的分号不可少。

结构体定义之后，即可进行变量说明，凡说明为结构体 student 的变量都由上述 4 个成员组成。由此可见，结构体是一种复杂的数据类型，是数目固定、类型不同的若干有序变量的集合。

（2）结构体类型变量的说明

说明结构体变量有以下三种方法，以上面定义的 student 为例来加以说明。

1）先定义结构体，再说明结构体变量。如：

```
struct student
{
  int num;
  char name[20];
  char sex;
  float score;
};
struct student  boy1, boy2;
```

说明了两个变量 boy1 和 boy2 为 student 结构体类型。也可以用宏定义使用一个符号常量来表示一个结构体类型，例如：

```
#define  STU struct student
STU
{
  int num;
```

```
    char name[20];
    char sex;
    float score;
  };
  STU boy1, boy2;
```

2）在定义结构体类型的同时说明结构体变量。例如。

```
  struct student
  {
    int num;
    char name[20];
    char sex;
    float score;
  } boy1, boy2;
```

3）直接说明结构体变量。例如：

```
  struct
  {
    int num;
    char name[20];
    char sex;
    float score;
  } boy1, boy2;
```

第三种方法与第二种方法的区别在于第三种方法中省去了结构体名，而直接给出结构体变量。三种方法中说明的 boy1、boy2 变量都具有图 7.2 所示的存储结构，定义 boy1、boy2 变量为结构类型后，即可向这两个变量中的各个成员赋值，在上述 student 结构体定义中，所有的成员都是基本数据类型或数组类型，成员也可以又是一个结构体，即构成了嵌套的结构体。

2B	20B	1B	4B
10	Zhangwei	M	88.5
num	name[20]	sex	score

图 7.2　boy1、boy2 变量各成员在内存的存放顺序

假如有以下定义：

```
  struct date
  {
```

```
    int month;
    int day;
    int year;
  };
  struct student
  {
    int num;
    char name[20];
    char sex;
    struct date birthday;
    float score;
  } boy1, boy2;
```

结构体 struct student 的存储结构如图 7.3 所示。

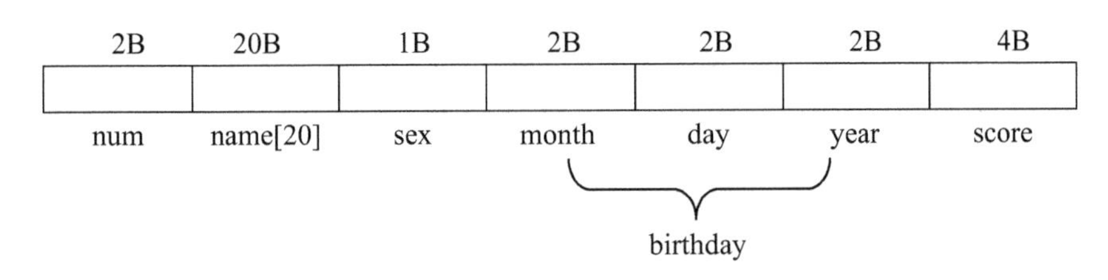

图 7.3　结构体嵌套各成员在内存的存放顺序

首先定义一个结构体 date，由 month、day、year 三个成员组成，在定义结构体 student 时，其中的成员 birthday 被说明为 data 结构体类型。

说明：

①结构类型与结构变量是两个不同的概念，其区别如同 int 类型与 int 型变量的区别一样。

②结构类型中的成员名，可以与程序中的变量同名，它们代表不同的对象，互不干扰。

结构是一种新的数据类型，因此结构变量也可以像其他类型的变量一样进行赋值、运算，不同的是结构变量以成员作为基本变量。

(3) 结构体成员的引用

对于结构体变量的使用，一般要通过成员运算符“.”，逐个访问其成员。

成员的引用形式为：

结构体变量名 . 成员　　　　　　/* 其中的“.”是成员运算符 */

例如，结构体变量 boy1 中成员 num 的引用形式为 boy1.num，boy2.name 表示引用结构体变量 boy2 中的 name 成员，等等。

如果某成员本身又是一个结构类型，则只能通过多级的分量运算，对最低一级的成员进行引用。

此时的引用格式扩展为：

结构体变量名 . 成员 . 子成员 .…. 最低一级子成员

例如，引用结构体变量 boy1 中的 birthday 成员的格式分别为：

boy1.birthday.year

boy1.birthday.month

boy1.birthday.day

1）对最低一级成员，可以像同类型的普通变量一样，进行相应的各种运算。

2）在实际使用中，既可引用结构体变量成员的地址，也可引用结构变量的地址。

例如，&student.num，&student 。

（4）结构体变量的初始化

和一般变量一样，结构体变量也可以在定义的同时对它赋初值。

结构变量初始化的格式，与一维数组相似，可采用赋初值表，表中按顺序排列的每个初始值必须与给定的结构说明的元素一一对应，个数相同，类型也相同。

对结构体类型变量进行初始化的一般格式为：

struct 结构体名

{ 数据类型 成员名 1;

数据类型 成员名 2;

…

数据类型 成员名 n;

} 变量名 ={ 初始化数据 };

如果结构体类型已经定义，也可以用以下方法进行初始化：

struct 结构体名 变量名 = { 初始化数据 };

例如，struct student boy1={10, "Zhangwei", 'M', 88.5}; 。

在初始化时，初始化的数据应放在大括号内，用逗号分隔各个数据，初始化时，按成员项的先后顺序一一对应赋给初值，不允许跳过前面的成员给后面的成员赋初值，但可以只给前面的若干个成员赋初值，对于后面未赋初值的成员系统自动赋初值 0。

例 7.1 结构体变量初始化。

```
struct student /* 定义结构体 */
{
```

```
    int num;
    char name[20];
    char sex;
    float score;
  } boy2, boy1={10, "Zhangwei", 'M', 88.5};
  main ()
  {
    boy2=boy1;
    printf ("boy1: Num=%d  Name=%s  ", boy1.num, boy1.name) ;
    printf ("Sex=%c  Score=%.1f\n", boy1.sex, boy1.score) ;
    printf ("boy2: Num=%d  Name=%s  ", boy2.num, boy2.name) ;
    printf ("Sex=%c  Score=%.1f\n", boy2.sex, boy2.score) ;
    getch () ;
  }
```

程序执行后，输出结果如图 7.4 所示。

图 7.4　例 7.1 运行结果

本例中，boy2、boy1 均被定义为外部结构体变量，并对 boy1 作了初始化赋值，在 main 函数中，把 boy1 的值整体赋予 boy2，然后用 printf 语句输出 boy1 和 boy2 各成员的值。

（5）结构体变量的赋值

前面已经介绍，结构体变量的赋值就是给各成员赋值，可用输入语句或赋值语句来完成。

例 7.2　给结构体变量赋值并输出其值。

```
  struct student
  {
    int num;
    char *name;
```

```
    char sex;
    float score;
  } boy1, boy2;
  main ()
  {
    boy1.num=10;
    boy1.name="Zhangwei";
    printf ("input sex: ") ;
    scanf ("%c", &boy1.sex) ;
    printf ("input score: ") ;
    scanf ("%f", &boy1.score) ;
    boy2=boy1;
    printf ("boy1: Num=%d  Name=%s  ", boy1.num, boy1.name) ;
    printf ("Sex=%c  Score=%.1f\n", boy1.sex, boy1.score) ;
    printf ("boy2: Num=%d  Name=%s  ", boy2.num, boy2.name) ;
    printf ("Sex=%c  Score=%.1f\n", boy2.sex, boy2.score) ;
    getch () ;
  }
```

假若从键盘输入 sex 为 M，score 为 96，程序运行后输出结果如图 7.5 所示。

图 7.5　例 7.2 运行结果

本程序中用赋值语句给 num 和 name 两个成员赋值，name 是一个字符串。用 scanf 函数动态地输入 sex 和 score 成员值，然后把 boy1 的所有成员的值整体赋予 boy2，最后分别输出 boy1 和 boy2 的各个成员值。

本例表示了结构体变量的赋值、输入和输出的方法。

（6）结构体数组

数组元素也可以是结构体类型的，因此可以构成结构体型数组。结构体数组的每一个元素都是具有相同结构体类型的变量。在实际应用中，经常用结构体数组来表示具有相同数据结构体的一个群体。如一个班的学生档案，一个车间职工的工资表等。

结构体数组的定义方法和结构体变量相似，只需说明它为数组类型即可。

例如：

```
struct student
{
  int num;
  char name[20];
  char sex;
  float score;
} boy[5];
```

定义了一个结构体数组 boy，共有 5 个元素，boy[0] ~ boy[4]，每个数组元素都包含结构体类型的所有成员，对结构体数组可以作初始化赋值，例如：

```
struct student
{
  int num;
  char name[20];
  char sex;
  float score;
}boy[5]={
{101, "Li ning", 'M', 85},
{102, "Zhang ling", 'M', 62.5},
{103, "Wang fang", 'F', 92.5},
{104, "Cheng ling", 'F', 87},
{105, "Wang ming", 'M', 98}};
```

当对全部元素作初始化赋值时，也可不给出数组长度（参考数组一章）。

例 7.3　计算 5 个学生的平均成绩并统计不及格人数。

分析：每个学生的基本信息是一样的，即包括学号、姓名、性别和成绩，因此可以把每个学生的信息定义成一个结构体，平均成绩为所有学生的成绩和除以总人数，个人成绩小于 60 分算不及格。

```
struct student
{
```

```
    int num;
    char *name;
    char sex;
    float score;
  }boy[5]={
  {101, "Li ping", 'M', 45},
  {102, "Zhang ping", 'M', 62.5},
  {103, "He fang", 'F', 92.5},
  {104, "Cheng ling", 'F', 87},
  {105, "Wang ming", 'M', 58}};
  main ()
  {
    int i, n=0;  /* n 为不及格人数 */
    float ave, sum=0; /* ave 为平均成绩，sum 为总成绩 */
    for (i=0; i<5; i++)
  {
    sum+=boy[i].score;
    if (boy[i].score<60) n+=1;
  }
  ave=s/5;
  printf ("s=%f\n", sum) ;
  printf ("average=%f\n count (<60) =%d\n", ave, n) ;
  getch () ;
  }
```

程序执行后，输出结果如图 7.6 所示。

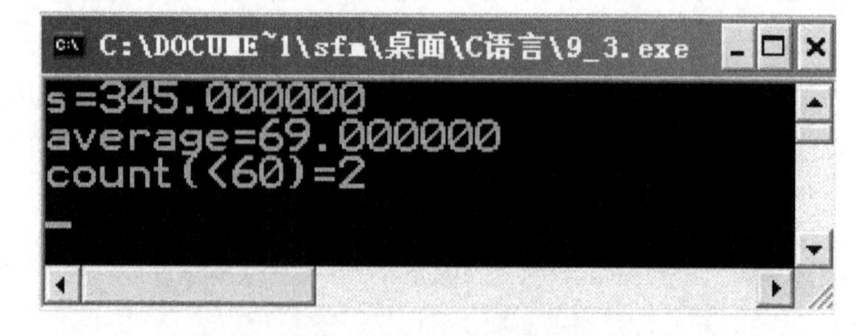

图 7.6　例 7.3 运行结果

本例程序中定义了一个结构体数组 boy，共 5 个元素，并做了初始化赋值。在 main 函数中用 for 语句逐个累加各元素的 score 成员值存于 s 之中，如果 score 的值小于 60（不及格）计数 n 加 1，循环完毕后计算平均成绩，并输出全班总分、平均分及不及格人数。

例 7.4　建立同学通讯录。

分析：为了简单并能说明问题，假设同学通讯录只包含两项内容：姓名和电话号码，每个同学的基本信息是一样的，即包括姓名、电话号码，因此可以把每个同学的信息定义成一个结构体，本例假设通讯录里只有三个同学，读者可根据实际需要改变同学人数，即 NUM 的值。

```
#include <stdio.h>
#define NUM 3
struct people
{
  char name[20];
  char phone[10];
};
main ()
{
  struct people man[NUM];
  int i;
  for (i=0; i<NUM; i++)
  {
      printf ("input No.%d name: ", i+1) ;
      gets (man[i].name) ;
      printf ("input No.%d phone: ", i+1) ;
      gets (man[i].phone) ;
  }
  printf ("name\t\t\tphone\n\n") ;
  for (i=0; i<NUM; i++)
  printf ("%s\t\t\t%s\n", man[i].name, man[i].phone) ;
}
```

程序执行后，输出结果如图 7.7 所示。

图 7.7　例 7.4 运行结果

本程序中定义了一个结构体 people，它有两个成员 name 和 phone 用来表示姓名和电话号码。在主函数中定义 man 为具有 people 类型的结构体数组。在 for 语句中，用 gets 函数分别输入各个元素中两个成员的值，然后又在 for 语句中用 printf 语句输出各元素中两个成员值。

任务 2　输出最高分学生信息

知识目标	熟练掌握结构体的使用 学会利用结构体指针访问结构体数组的方法 学会将复杂程序分解为子函数的方法
能力目标	学会利用结构体枚举类型进行编程的方法
素质目标	培养学生沟通能力 培养学生独立分析问题的能力 培养学生动手能力
重点内容	结构体数组、结构体指针
难点内容	利用结构体指针访问结构体数组

7.2.1　任务描述

计算机应用技术班进行了一次考试，要求设计一个程序，实现下列功能：

（1）新建一个文件 p7_2.c；

（2）使用结构体定义学生信息；

（3）利用结构体指针访问结构体数组；

（4）使用子函数计算最高分、平均分；

（5）输出学生信息。

7.2.2 任务实现

```
#include<stdio.h>
typedef struct student  /* 定义结构体 student，里面包含三个成员：学号、姓名、成绩 */
{  int  num;
   char  name[20];
   int  score;
}STU;
void input (STU *t, int n)    /* 定义子函数 input，输入学生信息 */
{
   int i;
   for (i=0; i<n; i++)
   {
      scanf ("%d", &t[i].num) ;
      getchar () ;
      scanf ("%s", t[i].name) ;
      scanf ("%d", &t[i].score) ;
   }
}
/* 定义子函数 average，使用指针对结构体进行平均值和最大值的求取 */
STU *average (STU *t, int n, double *ave)
{
   int  i, sum=0;
   STU *high;
   for (i=0; i<n; i++)
      sum+=t[i].score;
   high=t;
   for (i=1; i<n; i++)
```

```
        if (t[i].score>high->score)
            high=t+i;
    *ave=sum*1.0/n;
    return high;
}
main ()          /* 主函数 */
{
    STU team[3], *high=NULL;
    double ave;
    input (team, 3) ;
    high=average (team, 3, &ave) ;
    printf ("The average score=%.2f\n", ave) ;
    printf ("The student who has the highest score is:\n") ;
    printf ("%d\t%s\t%d\n", high->num, high->name, high->score) ;
    getch () ;
}
```

程序执行后，输出结果如图 7.8 所示。

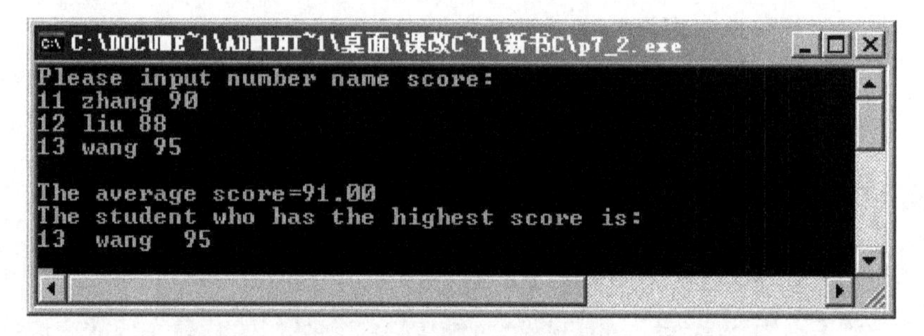

图 7.8　任务 2 运行结果

7.2.3　任务分析

本任务定义了 3 个函数，每个函数都用到同一种结构类型，因此结构类型的定义放在所有函数的外部也在最前面。主函数中定义了一个含 5 个结构体元素的一维数组、一个指向最高分结构体元素的指针、一个用于存放平均分的变量 ave，通过调用 input 函数实现输入 n 个记录的值，team 数组名作为实参传递给形参指针 t，于是在函数中 t 就可以当作一维数组名使用了。主函数中通过调用 average 函数求得了平均分及最高分记录，方法是，平均分用一个指针形参获得实参变量 ave 的地址，在被调函数中通过对 *ave 的赋值达到平均值赋给实参变量的目的，而 average 函数的返回值是一个拥有最高分的结构体变量的地址，是一个指针，主函数调用后赋值给指针变量 high，从而得到了题目所求的两项内容。通过 average 函数的定义也体现了当需要一个函数返回多个值的时候，可以通过函数返回类型返回一个值，其余的可以通过设指针形参来实现。

7.2.4 知识链接

（1）结构体指针变量

当一个指针变量用来指向一个结构体变量时，称之为结构体指针变量。

结构体指针变量中的值是所指向的结构体变量的首地址，通过结构体指针即可访问该结构体变量，这与数组指针的情况是相同的。

结构体指针变量说明的一般形式为：

struct 结构体名 * 结构体指针变量名 ;

例如，在前面的例 7.1 中定义了 student 这个结构体，如要说明一个指向 student 的指针变量 pstu，可写为：

struct student *pstu;

当然也可在定义 student 结构体时同时说明 pstu。与前面讨论的各类指针变量相同，结构体指针变量也必须要先赋值后才能使用。赋值是把结构体变量的首地址赋予该指针变量，不能把结构体名赋予该指针变量。如果 boy 是被说明为 student 类型的结构体变量，则：pstu=&boy 是正确的，而：pstu=&student 是错误的。

结构体名和结构体变量是两个不同的概念，不能混淆。结构体名只能表示一个结构体形式，编译系统并不对它分配内存空间，只有当某变量被说明为这种类型的结构体时，才对该变量分配存储空间。因此上面 &student 这种写法是错误的，不可能去取一个结构体名的首地址。有了结构体指针变量，就能更方便地访问结构体变量的各个成员。

引用结构体成员的一般形式为：

(* 结构体指针变量) . 成员名

或为：结构体指针变量 -> 成员名

例如：(*pstu) .num 或者：pstu->num

应该注意 (*pstu) 两侧的括号不可少，因为成员符“.”的优先级高于“*”，如果去掉括号写作 *pstu.num 则等效于 * (pstu.num)，这样意义就完全不对了。下面通过例子来说明结构体指针变量的具体说明和使用方法。

例 7.5 结构体指针变量的具体说明和使用方法。

```
struct student
{
  int num;
  char name[20];
  char sex;
  float score;
} boy1={102, "Zhang ping", 'M', 78.5}, *pstu;
main ()
{
  pstu=&boy1;
  printf ("Number=%d\nName=%s\n", boy1.num, boy1.name) ;
  printf ("Sex=%c\nScore=%f\n\n", boy1.sex, boy1.score) ;
  printf ("Number=%d\nName=%s\n", (*pstu) .num, (*pstu) .name) ;
  printf ("Sex=%c\nScore=%f\n\n", (*pstu) .sex, (*pstu) .score) ;
  printf ("Number=%d\nName=%s\n", pstu->num, pstu->name) ;
  printf ("Sex=%c\nScore=%f\n\n", pstu->sex, pstu->score) ;
  getch () ;
}
```

程序执行后，输出结果如图 7.9 所示。

图 7.9 例 7.5 运行结果

本例程序定义了一个结构体 student，定义了 student 类型结构体变量 boy1 并做了初始化赋值，还定义了一个指向 student 类型结构体的指针变量 pstu。在 main 函数中，pstu 被赋予 boy1 的地址，因此 pstu 指向 boy1。然后在 printf 语句内用三种形式输出 boy1 的各个成员值。从运行结果可以看出：

1）结构体变量 . 成员名；

2）(* 结构体指针变量) . 成员名；

3）结构体指针变量 -> 成员名。

这三种用于表示结构体成员的形式是完全等效的。

结构体指针变量可以指向一个结构体数组，这时结构体指针变量的值是整个结构体数组的首地址。结构体指针变量也可指向结构体数组的一个元素，这时结构体指针变量的值是该结构体数组元素的首地址。

设 ps 为指向结构体数组的指针变量，则 ps 也指向该结构体数组的第 0 个元素，ps+1 指向第 1 个元素，ps+i 则指向第 i 个元素。这与普通数组的情况是一致的。

例 7.6　用指针变量输出结构体数组。

```
struct student
{
  int num;
  char name[20];
  char sex;
  float score;
} boy[5]={
{ 101, "Zhou ping", 'M', 45},
{ 102, "Zhang ping", 'M', 62.5},
{ 103, "Liou fang", 'F', 92.5},
{ 104, "Cheng ling", 'F', 87},
{ 105, "Wang ming", 'M', 58}
};
main ()
{
  struct student *ps;
  printf ("Num\tName\t\t\tSex\tScore\t\n") ;
  for (ps=boy; ps<boy+5; ps++)
     printf ("%d\t%s\t\t%c\t%f\t\n", ps->num, ps->name, ps->sex, ps->score) ;
  getch () ;
```

```
}
```

程序执行后，输出结果如图 7.10 所示。

```
C:\DOCUME~1\sfm\桌面\C语言\9_6.exe
Num     Name            Sex     Score
101     Zhou ping       M       45.000000
102     Zhang ping      M       62.500000
103     Liou fang       F       92.500000
104     Cheng ling      F       87.000000
105     Wang ming       M       58.000000
```

图 7.10　例 7.6 运行结果

在程序中，定义了 student 结构体类型的外部数组 boy 并做了初始化赋值。在 main 函数内定义 ps 为指向 student 类型的指针，在循环语句 for 的表达式 1 中，ps 被赋予 boy 的首地址，然后循环 5 次，输出 boy 数组中各成员值。

应该注意的是，一个结构体指针变量虽然可以用来访问结构体变量或结构体数组元素的成员，但是，不能使它指向一个成员。 也就是说不允许取一个成员的地址来赋予它，因此，下面的赋值是错误的：ps=&boy[1].sex; 而只能是：ps=boy;（赋予数组首地址），或者是： ps=&boy[1];（赋予 1 号元素首地址）。

（2）结构体指针变量作函数参数

在 ANSI C 标准中允许用结构体变量作函数参数进行整体传送，但是这种传送要将全部成员逐个传送，特别是成员为数组时将会使传送的时间和空间开销很大，严重地降低了程序的效率。因此最好的办法就是使用指针，即用指针变量作函数参数进行传送，这时由实参传向形参的只是地址，从而减少了时间和空间的开销。

例 7.7　题目与例 7.3 相同，计算一组学生的平均成绩和不及格人数。

用结构体指针变量作函数参数编程。

```
struct student
{
  int num;
  char name[20];
  char sex;
  float score;
} boy[5]={
{ 101, "Li ping", 'M', 45},
```

```
{ 102, "Zhang ping", 'M', 62.5},
{ 103, "He fang", 'F', 92.5},
{ 104, "Cheng ling", 'F', 87},
{ 105, "Wang ming", 'M', 58}
};
void ave (struct student *ps) ;
main ()
{
  struct student  *ps;
  ps=boy;
  ave (ps) ;
}
void ave (struct student *ps)
{
int n=0, i;
float ave, s=0;
for (i=0; i<5; i++, ps++)
{
  s+=ps->score;
  if (ps->score<60) n+=1;
}
printf ("s=%f\n", s) ;
ave=s/5;
printf ("average=%f\ncount=%d\n", ave, n) ;
}
```

程序执行后，输出结果同图 7.6。

本程序中定义了函数 ave，其形参为结构体指针变量 ps，boy 被定义为外部结构体数组，因此在整个源程序中有效。在 main 函数中定义说明了结构体指针变量 ps，并把 boy 的首地址赋予它，使 ps 指向 boy 数组。然后以 ps 作实参调用函数 ave。在函数 ave 中完成计算平均成绩和统计不及格人数的工作并输出结果。与例 7.3 程序相比，由于本程序全部采用指针变量作运算和处理，故速度更快，程序效率更高。

（3）动态存储分配

在数组一章中，曾介绍过数组的长度是预先定义好的，在整个程序中固定不变。

C语言中不允许数组下标是动态变量，例如： int n; scanf ("%d", &n) ; int a[n]; 用变量表示长度，相对数组的大小作动态说明，这是错误的。但是在实际的编程中，往往会发生这种情况，即所需的内存空间取决于实际输入的数据，而无法预先确定。为了解决上述问题，C语言提供了一些内存管理函数，这些内存管理函数可以按需要动态地分配内存空间，也可把不再使用的空间回收待用，为有效地利用内存资源提供了手段。

常用的内存管理函数有以下三个。

1）动态分配内存空间函数 malloc

调用形式：(**类型说明符** *) malloc (size)

功能：

在内存的动态存储区中分配一块长度为“size”字节的连续区域，函数的返回值为该区域的首地址，“类型说明符”表示该区域用于存放何种数据类型，(类型说明符 *) 表示把返回值强制转换为该类型指针，“size”是一个无符号整数。

例如： p= (char *) malloc (100) ; 表示分配 100 个字节的内存空间，并强制转换为字符数组类型，函数的返回值为指向该字符数组的指针，把该指针赋予指针变量 p。

2）动态分配内存空间函数 calloc

调用形式：(**类型说明符** *) calloc (n, size)

功能：

在内存动态存储区中分配 n 块长度为“size”字节的连续区域，函数的返回值为该区域的首地址，calloc 函数与 malloc 函数的区别仅在于一次可以分配 n 块区域。

例如： ps= (struct student *) calloc (2, sizeof (struct student)) ; 其中的 sizeof (struct student) 是求结构体 student 的长度，因此该语句的意思是：按结构体 student 的长度分配 2 块连续区域，强制转换为结构体 student 类型，并把其首地址赋予指针变量 ps。

3）释放内存空间函数 free

调用形式：free (ptr) ;

功能：

释放 ptr 所指向的一块内存空间，ptr 是一个任意类型的指针变量，它指向被释放区域的首地址，被释放区域应是由 malloc 或 calloc 函数所分配的区域。

例 7.8 分配一块区域，输入一个学生数据。

```
#include<stdlib.h>
void main ()
{
  struct student
```

```
{
    int num;
    char *name;
    char sex;
    float score;
} *ps;
ps= (struct student * ) malloc (sizeof (struct student) ) ;
ps->num=102;
ps->name="Zhang ping";
ps->sex='M';
ps->score=62.5;
printf ("Number=%d\tName=%s\n", ps->num, ps->name) ;
printf ("Sex=%c\tScore=%f\n", ps->sex, ps->score) ;
free (ps) ;
}
```

本例中，定义了结构体 student，定义了 student 类型指针变量 ps，然后分配一块 student 大小的内存区，并把首地址赋予 ps，使 ps 指向该区域，再以 ps 为指向结构体的指针变量对各成员赋值，并用 printf 输出各成员值，最后用 free 函数释放 ps 指向的内存空间。

整个程序包含了申请内存空间、使用内存空间、释放内存空间三个步骤，实现存储空间的动态分配。

（4）链表概述

在例 7.8 中采用了动态分配的办法为一个结构体分配内存空间，每一次分配一块空间可用来存放一个学生的数据，我们可称之为一个结点，有多少个学生就应该申请分配多少块内存空间，也就是说要建立多少个结点。当然用结构体数组也可以完成上述工作，但如果预先不能准确把握学生人数，也就无法确定数组大小，定义小了，不能够存放所有数据，定义大了，会浪费内存，而且当学生留级、退学之后也不能把该元素占用的空间从数组中释放出来，用动态存储的方法可以很好地解决这些问题，有一个学生就分配一个结点，无须预先确定学生的准确人数，某学生退学，可删去该结点，并释放该结点占用的存储空间，从而节约了宝贵的内存资源。

另外，用数组的方法必须占用一块连续的内存区域，而使用动态分配时，每个结点之间可以是不连续的（结点内是连续的），结点之间的联系可以用指针实现，即在结点结构体中定义一个成员用来存放下一结点的首地址，这个用于存放地址的成员，常把它称为指针域。在第一个结点的指针域内存入第二个结点的首地址，在第二个结点的指针域内又存放第三个结点的首地址，如此下去直到最后一个结点。最后一个结点因无后续结点连接，其指针域可赋为 0，这样一种连接方式，在数据结构中称为“链表”。

链表中每个结点由 2 个域组成：

数据域——存储结点本身的信息。

指针域——指向后继结点的指针。

图 7.11 为单链表的示意图。

图 7.11　带有头结点的单向链表

在图 7.11 中，第 0 个结点称为头结点，它存放有第一个结点的首地址，它没有数据域，只是一个指针变量。 以下的每个结点都分为两个域，一个是数据域，存放各种实际的数据，如学号 num，姓名 name，性别 sex 和成绩 score 等。另一个域为指针域，存放下一结点的首地址，链表中的每一个结点都是同一种结构体类型。

例如，一个存放学生学号和成绩的结点应定义为以下结构体：

```
struct student
{
  int num;
  int score;
  struct student *next;
}
```

前两个成员项组成数据域，后一个成员项 next 构成指针域，它是一个指向 student 类型结构体的指针变量。如图 7.12 所示。

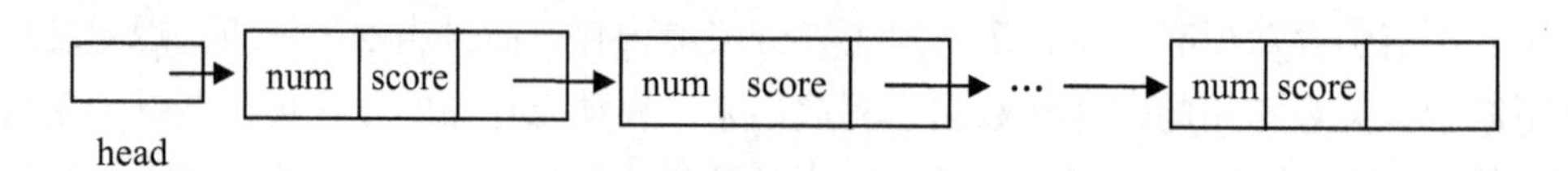

图 7.12　结点具有两个数据项的单向链表

链表的基本操作有：创建、检索（查找）、插入、删除和修改等。

1）创建链表是指，从无到有地建立起一个链表，即往空链表中依次插入若干结点，并保持结点之间的前驱和后继关系。

2）检索操作是指，按给定条件，查找某个结点，如果找到指定的结点，则称为检索成功；否则，称为检索失败。

3）插入结点操作是指，在结点 k_{i-1} 与 k_i 之间插入一个新的结点 k 使线性表的长度增 1，且 k_{i-1} 与 k_i 的逻辑关系发生如下变化：

插入前，k_{i-1} 是 k_i 的前驱，k_i 是 k_{i-1} 的后继；插入后，新插入的结点 k 成为 k_{i-1} 的后继、k_i 的前驱。

4）删除结点操作是指，删除结点 k_i，使线性表的长度减 1，且 k_{i-1}、k_i 和 k_{i+1} 之间的逻辑关系发生如下变化：

删除前，k_i 是 k_{i+1} 的前驱、k_{i-1} 的后继；删除后，k_{i-1} 成为 k_{i+1} 的前驱，k_{i+1} 成为 k_{i-1} 的后继。

下面通过例题来说明这些操作。

例 7.9　建立一个三个结点的链表，存放学生数据。为简单起见，我们假定学生数据结构体中只有学号和年龄两项。在链表的尾部插入结点。

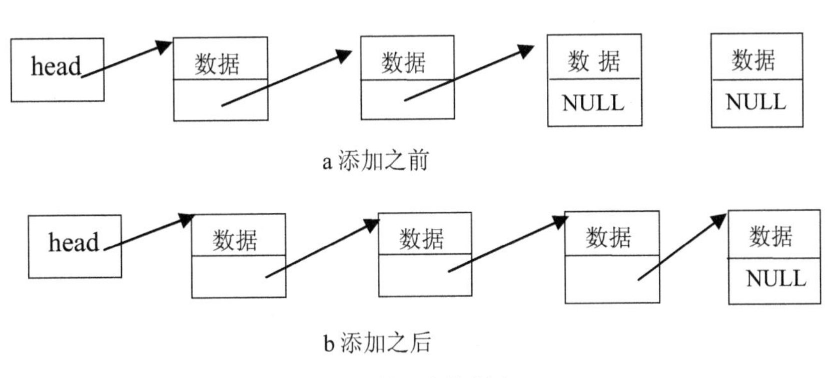

图 7.13　单链表的创建

编写一个建立链表的函数 creat。

程序如下：

```
#define NULL 0
#define TYPE  struct student
#define LEN sizeof (TYPE)
TYPE
{
  int num;
  int age;
  TYPE *next;
```

```
};
TYPE *creat (int n)
{
  TYPE *head, *pf, *pb;
  int i;
  for (i=0; i<n; i++)
  {
     pb= ( TYPE *) malloc (LEN) ;
     if (i==0)   pf=head=pb;
     else
     {
        printf ("input Number and Age\n") ;
        scanf ("%d%d", &pb->num, &pb->age) ;
        pf->next=pb;
     }
     pb->next=NULL;
     pf=pb;
  }
  return (head) ;
}
```

在函数外首先用宏定义对两个符号常量作了定义，用 LEN 代替 sizeof (struct student)，主要的目的是为了在以后的程序内减少书写并使阅读更加方便。结构体 student 定义为外部类型，程序中的各个函数均可使用该定义。

creat 函数用于建立一个有 n 个结点的链表，它是一个指针函数，它返回的指针指向 student 结构体。在 creat 函数内定义了三个 student 结构体的指针变量：head 为头指针，pf 为指向两相邻结点的前一结点的指针变量，pb 为后一结点的指针变量，在 for 语句内，用 malloc 函数动态申请长度与 student 长度相等的空间作为一结点，首地址赋予 pb。如果当前结点为第一结点 (i==0)，则把 pb 值（该结点指针）赋予 head 和 pf；如果非第一结点，先输入结点数据，再把 pb 值赋予 pf 所指结点的指针域成员 next，而 pb 所指结点为当前的最后结点，其指针域赋 NULL，再把 pb 值赋予 pf 以作下一次循环准备。

creat 函数的形参 n，表示所建链表的结点数，作为 for 语句的循环次数。

例 7.10　写一个函数，在链表中按学号查找该结点。

```
TYPE *search (TYPE *head, int n)
{
  TYPE *p;
  int i;
  p=head;
  while (p->num!=n && p->next!=NULL)
      p=p->next; /* 不是要找的结点后移一步 */
  if (p->num==n) return (p) ;
  if (p->num!=n&& p->next==NULL)
      printf ("Node %d has not been found!\n", n) ;
}
```

本函数中使用的符号常量 TYPE 与例 7.9 的宏定义相同，等于 struct　student，函数有两个形参，head 是指向链表的指针变量，n 为要查找的学号，进入 while 语句，逐个检查结点的 num 成员是否等于 n，如果不等于 n 且指针域不等于 NULL（不是最后结点）则后移一个结点，继续循环。如果找到该结点则返回结点指针，如果循环结束仍未找到该结点则输出“未找到”的提示信息。

例 7.11　写一个函数，删除链表中的指定结点。

分析：删除一个结点有两种情况：

①被删除结点是第一个结点，这种情况只需使 head 指向第二个结点即可，即 head=p->next。其过程如图 7.14 所示。

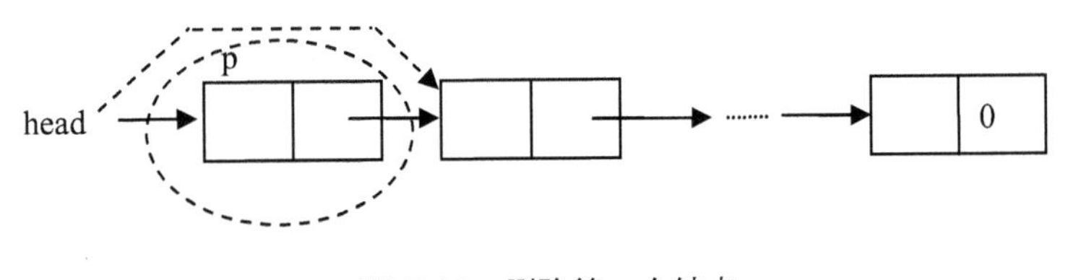

图 7.14　删除第一个结点

②被删结点不是第一个结点，这种情况使被删结点的前一结点指向被删结点的后一结点即可，即 q->next=p->next。其过程如图 7.15 所示。

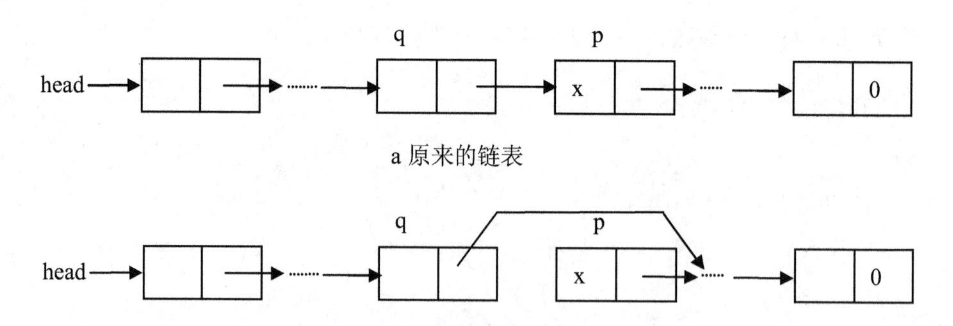

图 7.15 删除指定结点

程序如下：

```
TYPE *delete (TYPE * head, int x)
{
  TYPE *q, *p;
  if (head==NULL) /* 如为空表，输出提示信息 */
  { printf ("\nempty list!\n") ;
    goto END;
  }
  p=head;
  while (p->num!=x && p->next!=NULL)
  /* 当不是要删除的结点，而且也不是最后一个结点时，继续循环 */
  { q=p; p=p->next; } /*pf 指向当前结点，pb 指向下一结点 */
    if (p->num==x)
      {
        if (p==head) head=p->next; /* 如找到被删结点，且为第一结点，则
        使 head 指向第二个结点，否则使 q 所指结点的指针指向下一结点 */
        else q->next=p->next;
        free (p) ;
        printf ("The node is deleted\n") ;
      }
  else printf ("The node not been found!\n") ;
  END: return head;
}
```

函数有两个形参，head为指向链表第一结点的指针变量，x为删除结点的学号。首先判断链表是否为空，为空则不可能有被删结点；若不为空，则使p指针指向链表的第一个结点，进入while语句后逐个查找被删结点，找到被删结点之后再看是否为第一结点，若是则使head指向第二结点（即把第一结点从链表中删去），否则使被删结点的前一结点(q所指)指向被删结点的后一结点（被删结点的指针域所指）；如若循环结束未找到要删的结点，则输出“未找到”的提示信息，最后返回head值。

例7.12　写一个函数，在链表中指定位置插入一个结点。

分析：在一个链表的指定位置插入结点，要求链表本身必须是已按某种规律排好序的，例如，在学生数据链表中，要求按学号顺序插入一个结点，设被插结点的指针为p，可在三种不同情况下插入：

①原表是空表，只需使head指向被插结点即可。

②被插结点p值最小，应插入第一结点q之前，这种情况下使head指向被插结点，被插结点的指针域指向原来的第一结点则可，即：“p->next=q; head=p;”。

③在其他位置插入，这种情况下，使插入位置的前一结点q的指针域指向被插结点p，使被插结点p的指针域指向插入位置的后一结点R，即：“q->next=p; p->next=R;”。

④在表末插入，这种情况下使原表末结点指针域q指向被插结点p，被插结点指针域p置为NULL，即：“q->next=p; p->next=NULL;”。

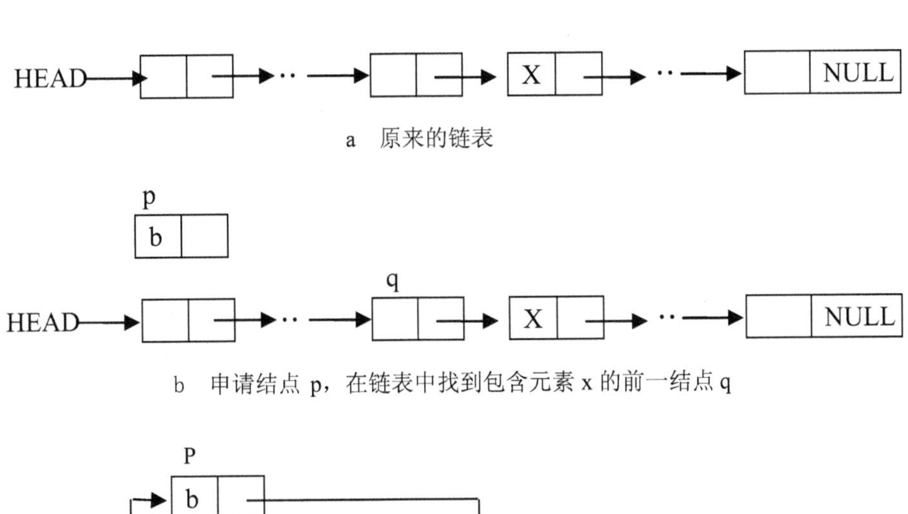

a　原来的链表

b　申请结点p，在链表中找到包含元素x的前一结点q

c　结点p插入到q之后，R之前

图7.16　插入指定结点

程序如下：

```
TYPE *insert (TYPE *head, TYPE *p)
{
  TYPE *q, *R;
  R=head;
  if (head==NULL) /* 空表插入 */
  {  head=p;
     p->next=NULL; }
  else
  {
     while ( (p->num>R->num) && (R->next!=NULL) )
     {  q=R;
        R=R->next; }  /* 找插入位置 */
        if (p->num<=R->num)
        {  if (head==R)  head=p;  /* 在第一结点之前插入 */
           else   q->next=p;  /* 在其他位置插入 */
           p->next=R;
        }
     else /* 在表末插入 */
     {  R->next=p;
        p->next=NULL;
     }
  }
  return head;
}
```

本函数有两个形参均为指针变量，head 指向链表，p 指向被插结点。函数中首先判断链表是否为空，为空则使 head 指向被插结点，若表不空，则用 while 语句循环查找插入位置，找到之后再判断是否在第一结点之前插入，若是则使 head 指向被插结点，被插结点指针域指向原第一结点，否则在其他位置插入，若插入的结点大于表中所有结点，则在表末插入。本函数返回一个指针，是链表的头指针。当插入的位置在第一个结点之前时，插入的新结点成为链表的第一个结点，因此 head 的值也有了改变，故需要把这个指针返回主调函数。

(5) 联合体

联合体（又称共用体）也是一种构造类型的数据结构体，在一个联合体内可以定义多种不同的数据类型，一个被说明为该联合体类型的变量中，允许装入该联合体所定义的任何一种数据。这在前面的各种数据类型中都是办不到的，例如，定义为整型的变量只能装入整型数据，定义为实型的变量只能赋予实型数据。

在实际问题中有很多这样的例子，例如，在学校的教师和学生中填写以下表格：姓名、年龄、职业、单位等，“职业”一项可分为“教师”和“学生”两类。对“单位”一项学生应填入班级编号，教师应填入某系某教研室，班级可用整型表示，教研室只能用字符串类型，要求把这两种类型不同的数据都填入“单位”这个变量中，就必须把“单位”定义为包含整型和字符型数组这两种类型的联合体。

联合体与结构体有一些相似之处，但两者有本质上的不同。在结构体中各成员有各自的内存空间，一个结构体变量的总长度是各成员长度之和；而在联合体中，各成员共享一段内存空间，一个联合体变量的长度等于各成员中最长成员的长度。

应该说明的是，这里所谓的共享不是指把多个成员同时装入一个联合体变量内，而是指该联合体变量可被赋予任一成员值，但每次只能赋一种值，赋入新值则冲去旧值。如前面介绍的“单位”变量，如定义为一个可装入“班级”或“教研室”的联合体后，就允许赋予整型值（班级）或字符串（教研室）。要么赋予整型值，要么赋予字符串，不能同时赋予两个值。

一个联合体类型必须经过定义之后，才能把变量说明为该联合体类型。

1）联合体的定义

定义一个联合体类型的一般形式为：

```
union 联合体名
{
   成员表;
};
```

成员表中含有若干成员，成员名的命名应符合标识符的规定。

成员的一般形式为：**类型说明符 成员名**

例如：

```
union perdata
{
   int class;
   char office[10];
};
```

定义了一个名为 perdata 的联合体类型，它含有两个成员，一个为整型，成员名为 class；另一个为字符数组，数组名为 office。联合体定义之后，即可进行联合体变量说明，被说明为 perdata 类型的变量，可以存放整型量 class 或存放字符数组 office。

2）联合体变量的说明

联合体变量的说明和结构体变量的说明方式相同，也有三种形式：即先定义，再说明；定义同时说明；直接说明。以 perdata 类型为例，说明如下：

```
union perdata
{
  int class;
  char office[10];
};
union perdata a, b; /* 说明 a, b 为 perdata 类型 */
```

或者可同时说明为：

```
union perdata
{
  int class;
  char office[10];
}a, b;
```

或直接说明为：

```
union
{ int class;
  char office[10];
}a, b
```

经说明后的 a, b 变量均为 perdata 类型，它们的内存分配示意图如图 7.17 所示。a, b 变量的长度应等于 perdata 的成员中最长的长度，即等于 office 数组的长度，共 10 个字节。从图 7.17 中可见，a, b 变量如赋予整型值时，只使用了 2 个字节，而赋予字符数组时，可用 10 个字节。

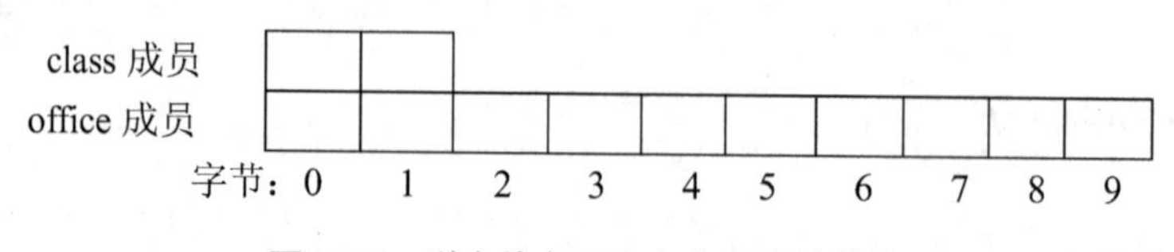

图 7.17 联合体变量在内存中存放结构

3）联合体变量的赋值和使用

对联合体变量的赋值、使用都只能是对变量的成员进行。

联合体变量的成员引用形式为：

联合体变量名 . 成员名

例如，a 被说明为 perdata 类型的变量之后，可使用 a.class 和 a.office。不允许只用联合体变量名作赋值或其他操作，也不允许对联合体变量作初始化赋值，赋值只能在程序中进行。还要再强调说明的是，一个联合体变量，每次只能赋予一个成员值，换句话说，一个联合体变量的值就是联合体变量的某一个成员值。

例 7.13　设有一个教师与学生通用的表格，教师数据有姓名、年龄、职业、教研室四项。学生有姓名、年龄、职业、班级四项。编程输入人员数据，再以表格输出。

程序如下：

```
main ()
{
  struct
  {
     char name[20];
     int age;
     int job;
     union
     {
        long class;
        char office[20];
     } depa;
  }body[2];
  int n, i;
  for (i=0; i<2; i++)
  {
     printf ("input name, age, job and department\n") ;
     scanf ("%s%d%d", body[i].name, &body[i].age, &body[i].job) ;
     if (body[i].job==1)  scanf ("%ld", &body[i].depa.class) ;
     else  scanf ("%s", body[i].depa.office) ;
  }
  printf ("name\t age job class/office\n") ;
```

```
        for (i=0; i<2; i++)
        {
            if (body[i].job==1)
            printf ("%s\t %3d  %3d     %ld\n", body[i].name, body[i].age,
                                body[i].job, body[i].depa.class) ;
            else  printf ("%s\t %3d  %3d     %s\n", body[i].name, body[i].age,
                                body[i].job, body[i].depa.office) ;
        }
    }
```

程序运行后，输出结果如图 7.18 所示。

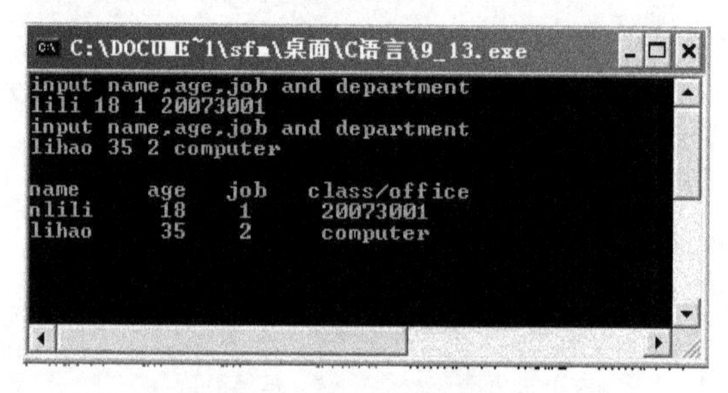

图 7.18　例 7.13 运行结果

该程序用一个结构体数组 body 来存放人员数据，该结构体共有四个成员，其中成员项 depa 是一个联合体类型，这个联合体又由两个成员组成，一个为整型量 class，一个为字符数组 office。在程序的第一个 for 语句中，输入人员的各项数据，先输入结构体的前三个成员 name、age 和 job，然后判别 job 成员项，如为 1 则对联合体 depa.class 输入学生班级编号，否则对 depa.office 输入教师教研室名。

在用 scanf 语句输入时要注意，凡为数组类型的成员，无论是结构体成员还是联合成员，在该项前不能再加 "&" 运算符，如程序第 18 行中 body[i].name 是一个数组类型，第 22 行中的 body[i].depa.office 也是数组类型，因此这两项不能加 "&" 运算符，程序中的第二个 for 语句用于输出各成员项的值。

（6）枚举

在实际问题中，有些变量的取值被限定在一个有限的范围内。例如，一个星期内只有七天，一年只有十二个月，一个班每周有六门课程等等。如果把这些量说明为整型、字符型或其他类型显然是不妥当的，为此，C 语言提供了一种称为“枚举”的类型。在“枚举”类型的定义中列举出所有可能的取值，被说明为该枚举类型的变量取值不能超过定义的范围。

应该说明的是，枚举类型是一种基本数据类型，而不是一种构造类型，因为它不能再分解为任何基本类型。

1）枚举类型的定义和枚举变量的说明

枚举类型的定义

枚举类型定义的一般形式为：

enum 枚举名

{ 枚举值列表 };

在枚举值列表中应罗列出所有可用值，这些值也称为枚举元素。

例如：

enum weekday{ sun, mon, tue, wed, thu, fri, sat };

该枚举名为 weekday，枚举值共有 7 个，即一周中的七天，凡被说明为 weekday 类型变量的取值只能是七天中的某一天。

枚举变量的说明：如同结构体和联合体一样，枚举变量也可用不同的方式说明，即先定义后说明，同时定义说明或直接说明。

设有变量 a, b, c 被说明为上述的 weekday，可采用下述任一种方式：

enum weekday{ sun, mon, tue, wed, thu, fri, sat };

enum weekday a, b, c;

或者为：

enum weekday

{ sun, mon, tue, wed, thu, fri, sat }a, b, c;

或者为：

enum { sun, mon, tue, wed, thu, fri, sat }a, b, c;

2）枚举类型变量的赋值和使用

枚举类型在使用中有以下规定：

①枚举值是常量，不是变量，不能在程序中用赋值语句再对它赋值。

例如对枚举 weekday 的元素再作以下赋值： sun=5; mon=2; sun=mon; 都是错误的。

②枚举元素本身由系统定义了一个表示序号的数值，从 0 开始顺序定义为 0，1，2…。如在 weekday 中，sun 值为 0，mon 值为 1，…，sat 值为 6。

例 7.14　枚举值应用。

分析：变量定义为枚举类型，赋值时只能赋枚举元素，输出可输出其枚举值。

```
main ()
{
```

```
    enum weekday{ sun, mon, tue, wed, thu, fri, sat }a, b, c;
    a=sun;
    b=mon;
    c=tue;
    printf (" a=%d, b=%d, c=%d", a, b, c) ;
}
```

程序执行后输出结果如下：

a=0, b=1, c=2

③只能把枚举值赋予枚举变量，不能把元素的数值直接赋予枚举变量。如：a=sum; b=mon; 是正确的。而：a=0; b=1; 是错误的。如果一定要把数值赋予枚举变量，则必须用强制类型转换，如： a= (enum weekday) 2; 其意义是将顺序号为 2 的枚举元素赋予枚举变量 a，相当于：a=tue; 还应该说明的是枚举元素不是字符常量也不是字符串常量，使用时不要加单、双引号。

例 7.15 枚举应用。

分析：假若一个月 30 天，安排 a, b, c, d 四个人每天一人轮流值日，输出安排表。可把一个月 30 天定义为枚举数组，其枚举元素值为 a, b, c, d，安排值日时第一天 a 值日，第二天 b 值日，第三天 c 值日，第四天 d 值日，轮番值日，直到一个月结束。

程序如下：

```
main ()
{
  enum body{ a, b, c, d } month[30], j;
  int i;
  j=a;
  for (i=1; i<=30; i++)
  {
     month[i]=j;
     j++;
     if (j>d) j=a;
  }
  for (i=1; i<=30; i++)
  {
     switch (month[i])
```

```
        {
            case a:printf (" %2d %c\t", i, 'a') ; break;
            case b:printf (" %2d %c\t", i, 'b') ; break;
            case c:printf (" %2d %c\t", i, 'c') ; break;
            case d:printf (" %2d %c\t", i, 'd') ; break;
            default:break;
        }
        if (i%8==0)   printf ("\n") ;
    }
    printf ("\n") ;
  }
```

程序运行后，输出结果如图 7.19 所示。

图 7.19　例 7.15 运行结果

(7) 类型定义符 typedef

C 语言不仅提供了丰富的数据类型，而且还允许由用户自己定义类型说明符，也就是说允许由用户为数据类型取“别名”，类型定义符 typedef 即可用来完成此功能。

例如，有整型量 a、b，其说明如下： int a, b; 其中 int 是整型变量的类型说明符。int 在其他语言中的写法为 integer，为了增加程序的可读性，可把整型说明符用 typedef 定义为： typedef int integer；以后就可用 integer 来代替 int 作整型变量的类型说明了，例如：integer a, b; 它等效于： int a, b; 用 typedef 定义数组、指针、结构体等类型将带来很大的方便，不仅使程序书写简单而且使意义更为明确，因而增强了程序的可读性。

例如：typedef char NAME[20]; 表示 NAME 是字符数组类型，数组长度为 20，然后可用 NAME 说明变量，如： NAME a1, a2, s1, s2; 完全等效于： char a1[20], a2[20], s1[20], s2[20]。

又如：

```
typedef struct student
{  char name[20];
int age;
char sex;
} STU;
```

定义 STU 表示 student 的结构类型，然后可用 STU 来说明结构变量：STU body1, body2;

typedef 定义的一般形式为：

typedef 原类型名 新类型名；

其中原类型名中含有定义部分，新类型名一般习惯用大写表示，以便于区别。有时也可用宏定义来代替 typedef 的功能，但是宏定义是由预处理完成的，而 typedef 则是在编译时完成的，后者更为灵活方便。

例 7.16 用类型定义符 typedef 可简化程序的书写，使结构看起来更清晰。

该程序只是为了说明结构体变量、结构体变量指针、结构体指针变量、结构体数组的使用。

```
main ()
{
   typedef struct
   {
      long num;
      char name[20];
      int sex;
      float score;
   }PR;
    PR a={2001, "wangli", 1, 98}, b=a, *p=&a;
    PR c[3]={2002, "lijing", 1, 98, 2003, "malin", 2, 95, 2004, "liuli", 1, 90},
   *q=c;
    int i=0;
    printf ("a:  %ld %s  %d  %f\n", a.num, a.name, a.sex, a.score) ;
    printf ("b:  %ld %s  %d  %f\n", b.num, b.name, b.sex, b.score) ;
   printf ("p.: %ld %s  %d  %f\n", (*p) .num, (*p) .name, (*p) .sex, (*p) .score) ;
   printf ("p->:%ld %s  %d  %f\n", p->num, p->name, p->sex, p->score) ;
   printf ("p->num=%ld", p->num) ;
```

```
    printf("p->num++=%ld ", p->num++);
    printf("++p->num=%ld\n", ++p->num);
    printf(" \n");
    for (i=0; i<3; i++, q++)
    {
      printf("c[%d]: %ld %s  %d  %f\n", i, c[i].num, c[i].name,
      c[i].sex, c[i].score);
      printf("*q:  %ld %s  %d  %f\n", q->num, q->name, q->sex, q->score);
    }
    printf(" \n");
    q=c;
    printf("q=c: (++q) ->num=%ld", (++q) ->num);
    printf(" (++q) ->num++=%ld ", (++q) ->num++);
    printf(" (q) ->num=%ld\n\n", q->num);
    q=c;
    printf("q=c:  ++q->num=%ld ", ++q->num);
    printf("q->num=%ld\n\n", q->num);
    q=c;
    printf("q=c: (q++) ->num++=%ld ", (q++) ->num++);
    printf(" (q++) ->num++=%ld ", (q++) ->num++);
    printf(" (q) ->num=%ld\n\n", q->num);
    q=c;
    printf("q=c: q++->num++=%ld ", q++->num++);
    printf("q++->num++=%ld ", q++->num++);
    printf("q->num=%ld\n\n", q->num);
    getch();
  }
```

程序运行后，输出结果如图 7.20 所示。

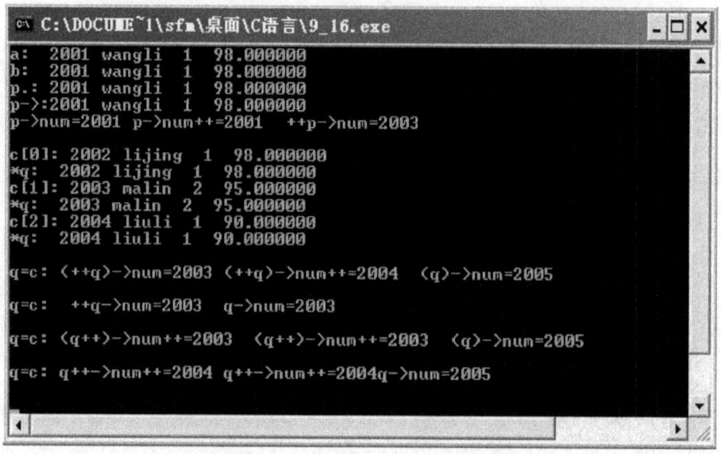

```
C:\DOCUME~1\sfm\桌面\C语言\9_16.exe
a:  2001 wangli  1  98.000000
b:  2001 wangli  1  98.000000
p.: 2001 wangli  1  98.000000
p->:2001 wangli  1  98.000000
p->num=2001 p->num++=2001   ++p->num=2003

c[0]: 2002 lijing  1  98.000000
*q:  2002 lijing  1  98.000000
c[1]: 2003 malin  2  95.000000
*q:  2003 malin  2  95.000000
c[2]: 2004 liuli  1  90.000000
*q:  2004 liuli  1  90.000000

q=c: (++q)->num=2003 (++q)->num++=2004  (q)->num=2005

q=c:  ++q->num=2003  q->num=2003

q=c: (q++)->num++=2003  (q++)->num++=2003  (q)->num=2005

q=c: q++->num++=2004 q++->num++=2004q->num=2005
```

图 7.20　例 7.16 运行结果

结果分析：

①结构体变量的地址与结构体变量的第一个成员的地址相同；

②结构体数组名表示结构体数组首地址，即第一个元素的地址也是第一个元素的第一个成员的地址；

③设 p 为指向结构体变量的指针变量，num 为结构体成员变量，则 p–>num：表示 p 所指向的结构体变量的成员 num 的值。 p–>num++：表示 p 所指向的结构体变量的成员 num 的值，引用该成员值之后再使其值加 1；++p–>num：表示 p 所指向的结构体变量的成员 num 的值，先使该成员值加 1 后再引用该成员值。

④设 q 为指向结构体数组 c 的指针变量，num 为结构体成员变量，则：(++q)–>num 与 ++q–>num 等价，(++q) –>num++、(q++) –>num++ 与 q++–>num++ 等价。

习题七

一、选择题

1. 若有下面的说明和定义：

```
struct test
{
  int m1;
  char m2;
  float m3;
  union uu
```

```
    {
        char u1[5];
        int u2[2];
    }ua;
}myaa;
```

则 sizeof (struct test) 的值是（　）。

A. 12　　B. 16　　C. 14　　D. 9

2. 设有以下说明语句：

```
typedef struct
{
    int n;
    char ch[8];
}PER;
```

则下面叙述中正确的是（　）。

A. PER 是结构体变量名　　B. PER 是结构体类型名

C. typedef struct 是结构体类型　　D. struct 是结构体类型名

3. 以下各选项企图说明一种新的类型名，其中正确的是（　）。

A. typedef v1 int;　　B. typedef v2=int;

C. typedef int v3;　　D. typedef v4:int;

4. 以下程序输出结果是（　）。

```
struct HAR
{
    int x, y;
    struct HAR *p;
}h[2];
main ()
{
    h[0].x=1;
    h[0].y=2;
    h[1].x=3;
    h[1].y=4;
    h[0].p=h[1].p=h;
    printf ("%d  %d \n", (h[0].p) ->x, (h[1].p) ->y) ;
}
```

A. 1 2　　B. 2 3　　C. 1 4　　D. 3 2

5. 以下程序的输出结果是（　）。

```
struct st
{
  int x;
  int *y;
}*p;
int dt[4]={10, 20, 30, 40};
struct st aa[4]={50, &dt[0], 60, &dt[1], 70, &dt[2], 80, &dt[3]};
main ()
{
      p=aa;
      printf ("%d\n", ++p->x) ;
      printf ("%d\n", (++p) ->x) ;
      printf ("%d\n", ++ (*p->y) ) ;
}
```

A. 10 20 20　　B. 50 60 21

C. 51 60 21　　D. 60 70 31

二、填空题

1. 以下定义的结构体类型拟包含两个成员，其中成员变量 info 用来存入整型数据；成员变量 link 是指向自身结构体的指针，请将定义补充完整。

```
struct node
{
  int  info;
  ____link;
};
```

2. 以下程序段用于构成一个简单的单向链表，请填空。

```
struct STRU
{
  int  x, y;
  float rate;
  ____p;
}a, b;
```

```
a.x=0;     a.y=0;
a.rate=0;  a.p=&b;
b.x=0;     b.y=0;
b.rate=0;  b.p=NULL;
```

3. 若有如下结构体说明。

```
struct STRU
{
   int  a, b;
   char c;
   double d;
   struct STRU *p1, *p2;
};
    ____t[20];
```

请填空，以完成对 t 数组的定义，t 数组的每个元素为该结构体类型。

三、编程题

1. 定义一个可以存储学生信息的结构，其中学生信息包括：学号、姓名、性别、年龄、系别、宿舍楼号、房号、家庭成员。

2. 利用上述数据结构，编写程序输入 10 组数据，然后按照学号从大到小的顺序排序。

项目八

基于文件实现学生信息存储

学习情境

计算机应用技术班期末考试结束，需要开发一个学生成绩管理系统，系统要求将学生的信息和处理完成的数据保存到文件中存档，以备学生随时查询成绩等信息，设计一个程序实现以下功能：

1. 新建“文件”并打开；
2. 向文件中读写数据；
3. 关闭文件，长期保存。

学习目标

掌握C语言中文件的打开和关闭方法；

掌握文件中数据的读写方法。

任务1　存储学生信息

知识目标	理解C语言文件的概念 掌握C语言文件的打开和关闭方法 掌握文本文件的读写方法
能力目标	学会打开文件的函数以及打开文件的方式 学会文件读写相关函数的使用方法
素质目标	培养学生对新事物的接受能力和良好的程序设计习惯 培养学生自我学习的能力
重点内容	文件的打开和关闭 文本文件读写函数
难点内容	文本文件的读写

8.1.1 任务描述

计算机应用技术班期末考试结束，需要开发一个学生成绩管理系统，系统要求将学生姓名等文本信息保存到文件中存档，以备学生随时查询，设计一个程序实现以下功能：

（1）新建一个文件 cfile.txt，用于存放学生的相关数据；

（2）向 cfile.txt 文件中输入学生信息；

（3）读出 cfile.txt 文件中学生信息并显示到屏幕上。

8.1.2 任务实现

```
#include <stdio.h>
#include <process.h>
void  add (FILE *fp) ;
void  print () ;

void main ()
{
  FILE *fp; /* 定义文件指针 */
  char ch;
  fp=fopen ("cfile.txt", "wt+") ;
  if (fp==NULL)
  /* 用“wt+”方式建立一个新文件，先向此文件中写数据，*/
  {
     printf ("open fail!") ;
     getch () ;
     exit (0) ;
   }
  else
  add (fp) ; /* 向文件中写入数据 */
  print (fp) ;    /* 读出文件中数据，输出到屏幕上 */
  getch () ;
  }
  void  add (FILE *fp)
```

```
{  char ch;
   printf ("open success!!!\n Please input: \n") ;
   ch=getchar () ;    /* 从键盘接收一个字符给 ch*/
   while (ch!='#')  /* 输入学生信息 */
   {
      fputc (ch, fp) ;
      ch=getchar () ;
   }
  fclose (fp) ;   /* 关闭文件 */
}
void  print ()
{ char ch;
  FILE *fp;  /* 定义文件指针 */
  fp=fopen ("cfile.txt", "rt") ;
  if (fp==NULL)
  {
     printf ("open fail!") ;
     getch () ;
     exit (0) ;
  }
  else
   {  printf ("\noutput file content is:\n") ;
      while ( (ch=fgetc (fp) ) != EOF )
      putchar (ch) ;            /* 循环输出从文件读出的字符 */
      fclose (fp) ;
   }
}
```

程序执行后，输出结果如图 8.1 所示。

图 8.1　任务 1 运行结果

8.1.3　任务分析

从上面的程序可以看出，这个任务主要是通过文件的操作，实现文件数据的写入和读取，本任务要学习的内容是：

- C 语言中文件的打开和关闭操作；
- 文本文件的读写。

8.1.4　知识链接

（1）文件概述

1）文件的分类

从不同角度来看，文件可被划分为多种类型。

①从文件编码的方式分类

从文件编码的方式来看，文件可分为 ASCII 码文件和二进制码文件两种。逻辑上，文件都可以理解为二进制数据的一个序列，因此一般来说，所有文件都是二进制格式的。尽管如此，由于文件在用途上的根本差别，通常还是将文件分为两种格式：文本格式与二进制格式。

文本文件又称为 ASCII 码文件，组成文件的每个元素都是字符，在磁盘中存放时每个字符对应一个字节，而该字节存放的正是这个字符的 ASCII 码值。

例如：整数 5678 的存储形式为：

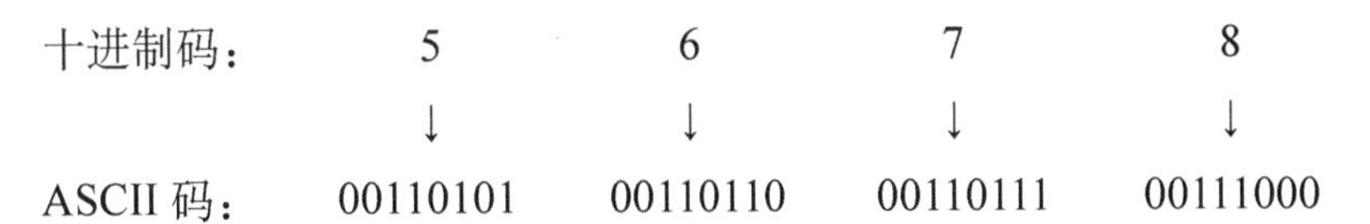

十进制码：	5	6	7	8
	↓	↓	↓	↓
ASCII 码：	00110101	00110110	00110111	00111000

共占用 4 个字节，ASCII 码文件可在屏幕上按字符显示，例如 C 语言源程序文件就是 ASCII 码文件，用 DOS 命令 TYPE 可显示文件的内容，由于是按字符显示，

因此能读懂文件内容。

二进制文件是把数据转换成二进制形式后存储起来的文件，在内存中所有的数据本身是以二进制形式存储的，因此二进制文件可以不经转换直接和内存通信。

例如，整数 5678 的存储形式为：00010110 00101110 只占二个字节，二进制文件虽然也可在屏幕上显示，但其内容无法读懂。

ASCII 码文件与二进制文件的比较：

a. ASCII 码文件的优势在于对字符数据的处理上，由于 ASCII 码文件存储的是每个字符的 ASCII 码值，因此输出时无须转换直接输出并显示；而二进制文件中存储的是数据的二进制形式，一个字节并不对应一个字符，输出到终端时就需要把这些二进制数转换成字符形式，这样一来会影响输出效率，所以在显示输出时 ASCII 码文件较为方便。

b. 二进制文件的优势在于，占用存储空间少，如上例 5678 存储到 ASCII 码文件要占 4 字节，而存放到二进制文件只需 2 字节，此外，从内存到文件或从文件到内存可直接传输无须数据转换，读取效率高，尤其方便将程序中取得的中间结果直接保存；而对于 ASCII 码文件，当发生文件读写时，由于读入内存的数据需转换成二进制数，输出时又要把二进制转换成字符，造成读取速度减慢。

c. ASCII 码文件中的内容可被文本编辑程序如 Word、记事本、写字板等创建和修改，也可通过 DOS 中的 TYPE（文件内容显示）命令直接显示，但二进制文件不行，在 DOS 状态下显示乱码。

②从用户使用的角度分类

从用户使用的观点看，文件又可分为磁盘文件和标准设备文件。

以磁盘为对象且无其他特殊性的文件，如常见的源程序文件、文章、程序运行的中间数据或结果等为磁盘文件；另一种特殊的文件是以终端为对象的标准设备文件。

C 语言中，“文件”的概念具有很广泛的意义，把与主机相连的所有输入输出设备都可以看作是“文件”，即把实际的物理设备抽象为逻辑文件，也叫设备文件。例如将键盘看作输入文件，将显示器和打印机看作输出文件。

C 语言中，对外部设备的输入输出处理过程就是读写设备文件的过程。例如：将打印机作为设备文件时，可使用由系统命名为 PRN 的文件（即打印机文件）直接输出，所有向 PRN 文件传送信息的操作就是向打印机输出打印信息。因此，C 语言中可将磁盘文件和标准设备文件统一作为逻辑文件来看待，采用相同的操作方法，从而大大方便了程序的设计。

2）文件的处理

程序运行过程中，对文件的处理主要包括两方面的内容，读文件和写文件。

读文件是指从已创建的数据文件中读出所需要的数据到内存；

写文件是指把内存中的数据输出到磁盘文件中。

系统对文件的读写是如何处理的呢？内部操作过程又是怎样？下面我们通过图8.2来看看操作流程。

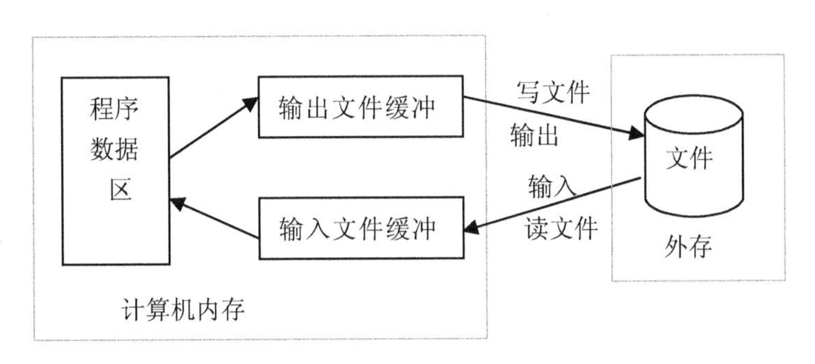

图 8.2　文件的写入和读出

我们都知道磁盘设备的读写速度很慢和读取内存是无法相比的，如果一遇到数据的读写就访问一次磁盘，那么高速的 CPU 就会把大部分宝贵的时间都浪费在等待磁盘的读写上，导致整个程序的执行效率降低。ANSI C 标准规定，在对文件进行输入或输出的时候，系统将为输入或输出文件开辟缓冲区。

程序要将运行中所产生的输出结果写入磁盘文件，首先会从内存的程序数据区取出数据，然后送至内存中的一块所谓“输出文件缓冲区”的存储区域暂存，待缓冲区填满或文件被关闭，数据才被整块送到外存储器的磁盘文件上。相反，从磁盘中取出数据到内存也是先把磁盘文件中的一块数据一次性读到“输入文件缓冲区”，然后从缓冲区取出程序所需数据送入内存。

“文件缓冲区”指内存中的一块存储区域，是由系统自动为每个正在使用的文件开辟的，用于文件读写时暂存数据，大小一般为 512 字节（一个扇区），因此，从文件中读取数据或写数据到文件每次操作为 512 字节的一个数据块。

在 C 语言程序中对文件进行操作，达到从磁盘文件中读或向文件中写数据的目的，所涉及的操作有：建立文件、打开文件、从文件读 / 写数据、关闭文件等。具体流程如图 8.3 所示。

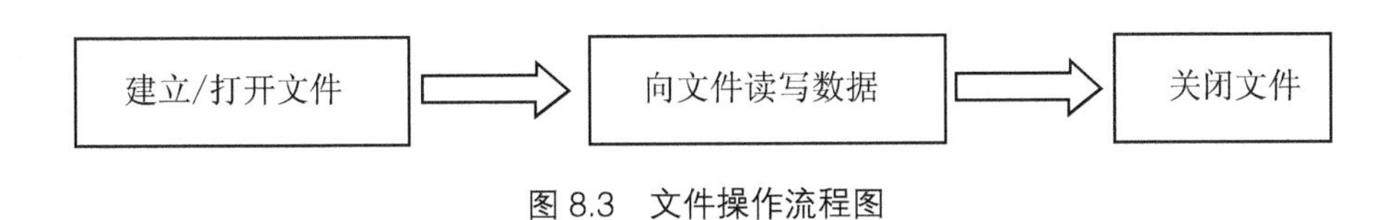

图 8.3　文件操作流程图

在使用文件之前应该首先打开文件，通过这一步将指定文件与程序联系起来，同时系统为文件开辟文件缓冲区，做好读写文件的准备，使用结束后应关闭文件，将文件缓冲区的内容写入磁盘，并释放文件缓冲区，以上所有操作都可以利用 C 语言所提供的库函数来完成。

3）文件类型指针

在 C 语言程序中，文件指针是一个很重要的概念，对文件的访问和操作都是通过指向文件的指针进行的。

要运行一个文件，必须知道与该文件有关的信息，比如文件名，文件状态，文件当前的读写位置，文件缓冲区的大小与位置等，这些信息都被保存在一个结构体中，该结构体类型是由系统定义的，取名叫 FILE，文件指针就是指向这样一个文件结构的指针变量。

定义文件指针的一般形式为：

FILE * 指针变量；

例如：FILE *fp1, *fp2;

通过上述定义，文件指针 fp1，fp2 可以指向某个文件结构体从而访问相关联的文件。

注意：FILE 为大写，是由系统定义的结构体类型，Turbo C 在 stdio.h 中定义 FILE 类型如下：

```
typedef struct
{
    short level;                /* 缓冲区“满”或“空”的程度 */
    unsigned flags;             /* 文件状态标志 */
    char fd;                    /* 文件描述符 */
    unsigned char hold;         /* 如无缓冲区不读取字符 */
    short bsize;                /* 缓冲区大小 */
    unsigned char *baffer       /* 缓冲区中的读写位置 */
    unsigned char *curp;        /* 文件读写位置 */
    unsigned istemp;            /* 临时文件指示器 */
    short token;                /* 用于有效性检查 */
}FILE;
```

我们在编写程序时无须关心 FILE 结构的细节，只是每当使用一个文件，要定义一个指向该文件结构体的指针，获取文件信息，操作文件就行了。

（2）文件的打开与关闭

对磁盘文件进行操作要遵守先打开，再使用，最后关闭的原则。根据文件使用方式不同，“打开文件”的含义和要求不同，而关闭文件都是一样的。

1）文件打开（fopen 函数）

在对文件进行读写操作之前，首先要把程序中读写的文件与磁盘上实际的数据文件联系起来，C 语言中，程序只需调用函数 fopen 就能实现以指定的方式打开指定的文件，为磁盘文件及文件指针之间建立联系。

fopen 函数的调用形式如下：

FILE *fp;

fp = **fopen（文件名，文件使用方式）**;

其中，FILE 是前面介绍的文件类型，fp 是一个指向 FILE 类型的指针变量，即指向被打开的文件，参数“文件名”即为所要打开的文件名称（可以包含路径），“文件使用方式”用具有特定含义的符号表示，见表 8.1。

表 8.1　使用文件的方式

文件使用方式	含义
“r”（只读）	为只读打开一个文本文件
“w”（只写）	为只写打开或建立一个文本文件
“a”（追加）	向文本文件尾部增加（写）数据
“rb”（只读）	为只读打开一个二进制文件
“wb”（只写）	为只写打开或建立一个二进制文件
“ab”（追加）	向二进制文件尾部增加（写）数据
“rt+”（读写）	为读 / 写打开一个文本文件
“wt+”（读写）	为读 / 写打开或建立一个新的文本文件
“at+”（读写）	为读 / 写打开一个文本文件
“rb+”（读写）	为读 / 写打开一个二进制文件
“wb+”（读写）	为读 / 写打开或建立一个新的二进制文件
“ab+”（读写）	为读 / 写打开一个二进制文件

例 FILE *fp;

fp = fopen ("file1.txt", "r") ;

它表示在当前目录下打开文件 file1.txt，且对该文件仅有“读”的使用权限，并使指针 fp 指向该文件。

例 FILE *fp;

```
fp = fopen ("d:\data\file1.dat", "rb") ;
```

它表示打开 D 盘下 dada 文件夹下的 file1.dat 文件，并且它是一个二进制文件，对它进行的是只读操作。

整个语句告诉编译系统三条信息：要访问文件的名称及路径；以什么方式使用该文件，C 语言共提供了 12 种方式；函数带回指向所打开文件的指针并赋给指针变量 fp，以后就通过 fp 来访问文件。

文件打开方式的使用说明：

① r 表示只读；w 表示只写；a 表示追加；b 表示二进制文件；t 表示文本文件；+ 表示可读可写。

② 用“r”方式打开文件时，只能从文件向内存输出（读）数据，而不能从内存向该文件输出（写）数据。以“r”方式打开的文件应该已经存在，不能用“r”方式打开一个并不存在的文件，否则出错。

③ 用“w”方式打开文件时，只能从内存向该文件输出（写）数据，而不能从文件向内存输出（读）数据。如果该文件原来不存在，则打开时建立一个以指定文件名命名的新文件，然后从文件开头位置写数据。如果原来的文件已经存在，则打开时将文件原有内容清空，然后从文件开头位置写数据。

④ 如果希望向一个已经存在的文件的尾部添加新数据（保留原文件中已有的数据），则应用“a”方式打开，但此时该文件必须已经存在，否则会返回出错信息，打开文件时，文件的位置指针在文件末尾。

⑤ 用“r+”、“w+”、“a+”方式打开的文件可以输入输出数据。用“r+”方式打开文件时，该文件应该已经存在，这样才能对文件进行读 / 写操作。用“w+”方式则建立一个新文件，先向此文件中写数据，然后可以读取该文件中的数据。用“a+”方式打开的文件，则保留文件中原有的数据，文件的位置指针在文件末尾，此时，可以进行追加或读操作。

⑥ 如果不能完成文件打开操作，函数 fopen 将返回错误信息。出错的原因可能是：用“r”方式打开一个并不存在的文件；磁盘故障；磁盘已满无法建立新文件等。此时 fopen 函数返回空指针值 NULL（NULL 在 stdio.h 文件中已被定义为 0）。编写语句打开文件时，通常需要判断打开过程是否出错，并及时给出错误提示。

例如，以只读方式打开文件名为 file 的文件，则语句如下：

```
if ( (fp=fopen ("file", "r") ) ==NULL)
{
   printf ("Cannot open file.\n") ;  /* 如果文件出错显示提示信息 */
   exit (0) ;                        /* 调用 exit 函数退出程序运行 */
}
```

```
else
    ……                          /* 从文件中读取数据 */
```

⑦用以上方式可以打开文本文件或二进制文件。ANSI C 规定可用同一种缓冲文件系统来处理文本文件和二进制文件。

⑧在用文本文件向内存输入数据时，将回车符和换行符转换为一个换行符，在输出时将换行符换成回车和换行两个字符；使用二进制文件时，不进行这种转换，在内存中的数据形式与输出到外部文件的数据形式完全一致，一一对应。

⑨程序运行时由系统自动打开三个标准文件：标准输入文件、标准输出文件和标准出错文件，这三个文件都与终端相联系，系统为它们定义的文件指针分别为 stdin、stdout、stderr 分别指向终端输入、终端输出、标准出错输出。这三个标准文件在使用时不需要调用 fopen 函数打开，可以直接使用它们的文件指针进行操作。

初学者应当注意的问题是，打开文件时设定的文件使用方式与后面对该文件的实际使用情况不一致，会使系统产生错误。例如：以“r”方式打开已存在的文件，要进行写操作是不行的，而应当将“r”改为“r+”或“a+”。

2）文件关闭（fclose 函数）

文件使用完必须及时关闭，使文件名与指针脱离关系，释放文件信息区和文件缓冲区。文件关闭所调用的函数为 fclose，调用形式为：

fclose（文件指针）;

例：fclose(fp);

fclose 函数用于关闭程序中使用 fopen 打开的文件，它是 fopen 函数的逆过程。需要注意的是，如果打开文件使用的是“读 ”方式，调用该函数后使指针 fp 和磁盘文件脱钩，如果打开文件时使用的是“写 ”方式，则将输出缓冲区中的剩余数据全部存盘，fp 再和磁盘文件脱钩。如果文件不关闭，程序运行结束时输出缓冲区中的数据尚未填满，并未传至磁盘，因此将不能及时存盘造成数据丢失，此外系统允许同时打开文件的个数也是有限的，使用 fclose 函数关闭文件可以避免上述问题。

fclose 函数返回值为：成功关闭返回 0，否则返回一个非 0 值，表示关闭出错。

由系统打开的标准设备文件系统会自行关闭。

任务 2　从文件存取学生成绩

知识目标	熟练文件中格式化输入和输出函数的使用 学会文件的打开和关闭方法

续表

能力目标	学会格式化输入和输出函数进行编程的方法
素质目标	培养学生沟通能力 培养学生独立分析问题的能力 培养学生动手能力
重点内容	格式化输入和输出函数
难点内容	数据格式

8.2.1 任务描述

计算机应用技术班期末考试结束，开发学生成绩管理系统，系统要求将学生的信息和处理完成的数据保存到文件中存档，以备学生随时查询成绩等信息，设计一个程序实现以下功能：

（1）新建一个文件 p8_2.c；

（2）使用结构体定义学生信息；

（3）定义子函数：从键盘输入学生信息的函数、从文件输入学生信息的函数、计算学生平均成绩的函数、计算以平均成绩排序的函数、将学生信息输出到屏幕的函数、将学生信息输出到文件的函数；

（4）将上述所有数据保存到文件中。

8.2.2 任务实现

```
#include <stdio.h>
#include <stdlib.h>
#include <process.h>
#include <string.h>
#define N 3
#define TRUE 1
#define FALSE 0

struct Student
{
  char id[10];            /* 学号 */
```

```
    char name[10];          /* 姓名 */
    int score1,score2,score3;  /* 三门功课的成绩 */
    float sum,avg;          /* 三门功课的平均成绩 */
  };

  int menu();              /* 返回菜单选项值 6*/
  void input(struct Student *sp)
  {
    int i;
    printf( "please input de date of student [ ID  Name  math  English  C programe
]:\n" );
    for(i=0;i<N;i++,sp++)
      {  /* 请输入学生信息 */
          scanf( "%s%s%d%d%d" ,sp->id,sp->name, &sp->score1, &sp->score2,
&sp->score3);
        /* 求学生总成绩 */
        sp->sum=(float)( sp->score1+sp->score2+sp->score3);
        /* 求学生平均成绩 */
        sp->avg=sp->sum/3.0f;
      }
  }
  voidprintFile(FILE *fp,struct Student *sp)
  {
    int i;
    rewind(fp);
    for(i=0;i<N;i++,sp++)
      {
          fprintf(fp,"%s\t%s \t%d \t%d\t%d \t%.1f \t%.1f \n",sp->id,sp->name,sp-
>score1,
        sp->score2,sp->score3,sp->sum,sp->avg);
      }
  }
  voidscanfFile(FILE *fp,struct Student *sp)
```

```
    {
      int i;
      rewind(fp);
      for(i=0;i<N;i++,sp++)
        {/* 从文件中读取学生信息到 sp 指向的结构体数组 */
          fscanf(fp,” %s%s%d%d%d%f%f\n”, sp->id, sp->name, &sp->score1,&sp->score2,
          &sp->score3,&sp->sum,&sp->avg);
        }
    }
    void print(struct Student *sp,int n)
    {
      int i;
      printf( “\n ID\t name\tmath\tEng\tC\tsum\tavg\t\n” );
      printf( “==================================================================\n” );
      for(i=0;i<N;i++,sp++)
        {
          printf( “%s\t %s\t%d\t%d\t%d\t%.1f\t%.1f\n” ,sp->id,sp->name,sp->score1,sp->score2,
          sp->score3,sp->sum,sp->avg);
          printf( “\n---------------------------------------------------------\n” );
        }
    }
    main()
    {
      struct Student students[N];
      FILE *fp;
      fp=fopen( “data.dat” ,” wb+” ) ;
      input (students);
      print(students,N);
      scanfFile(fp,students);
      printFile(fp,students);
```

```
    fclose(fp);
    getch();
}
```

运行结果如图 8.4 所示。

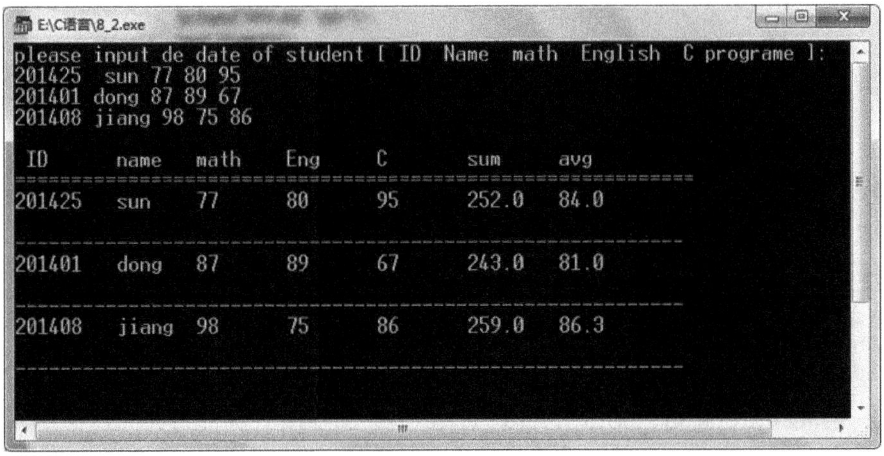

```
E:\C语言\8_2.exe
please input de date of student [ ID  Name  math  English  C programe ]:
201425  sun 77 80 95
201401 dong 87 89 67
201408 jiang 98 75 86

 ID      name     math     Eng      C        sum      avg
============================================================
201425   sun      77       80       95       252.0    84.0
------------------------------------------------------------
201401   dong     87       89       67       243.0    81.0
------------------------------------------------------------
201408   jiang    98       75       86       259.0    86.3
------------------------------------------------------------
```

图 8.4　任务 2 程序运行结果

8.2.3　任务分析

从上面的程序可以看出：

（1）student 结构体中，id 存放学生学号，name 存放学生姓名；score1、score2、score3 分别存放学生的数学、英语、C 语言成绩；sum 存放上述三门课程的总成绩，avg 存放上述三门课程的平均成绩。

（2）定义四个子函数，void input(struct Student *sp) 是从键盘输入学生信息的函数；void printFile(FILE *fp,struct Student *sp) 是把学生信息写入到文件的函数；void scanfFile(FILE *fp,struct Student *sp) 是从文件中读出学生信息的函数；void print(struct Student *sp,int n) 是把读出的学生信息输出到屏幕上的函数。

（3）编写主函数对你所编写的上述四个函数进行调用验证。主函数的功能如下：首先定义三个学生的结构体数组，打开名为 data.dat 的文件，由键盘输入学生的信息（学号、姓名、英语、数学、C 语言成绩），将这三个同学的信息存入 data.dat 文件，再从文件中读出数据存放到学生信息的结构体数组，将读出的数据输出到屏幕上，关闭该文件。

8.2.4 知识链接

（1）文件的字符读写函数

1）字符读入函数 fgetc ()

fgetc 字符读入函数的功能是从指定的磁盘文件中读入一个字符，该文件必须是以读或读写方式打开的。

函数的调用形式为：

字符变量 = fgetc (文件指针) ;

例：ch= fgetc (fp) ;

其中 fp 为文件型指针变量，指向以读或读写方式打开的文件；ch 为字符变量，用来保存读出的这个字符，该语句的作用是从 fp 所指向的文件中读取一个字符并赋给字符型变量 ch。

注意：

① 若读取时文件已经结束或出错，函数将返回文件结束标记 EOF，此时 EOF 的值为 −1。

② 读取的字符也可以不赋值给变量保存，只起到读写位置指针向后移动一个字符，如："fgetc (fp) ;"。

③ 文件内部的读写位置指针在读写完一个字符后将会向后移动，这个步骤由系统自动完成。

例 8.1 从磁盘文件中顺序读出字符并在屏幕上显示。

```
#include <stdio.h>
void main ()
{
  FILE *fp;
  char ch;
  if ( (fp = fopen ("file.txt", "r") ) ==NULL) /* 以只读方式打开文件 */
  {
    printf ("file open error.\n") ;       /* 出错处理 */
    exit (0) ;
  }
  while ( (ch=fgetc (fp) ) != EOF )
     putchar (ch) ;            /* 循环输出从文件读出的字符 */
  fclose (fp) ;             /* 关闭文件 */
```

```
    getch () ;
}
```

分析：该程序对文件的操作共分三个步骤执行，首先以只读方式打开文件，然后对文件进行读取，最后关闭文件。读取的过程中，程序首先判断当前所读文件是否结束，如果结束 fgetc (fp) 将返回 EOF 值 -1 赋给变量 ch，则 (ch=fgetc (fp)) != EOF 关系表达式的运算结果为假，循环条件不满足，退出循环结束读取，否则顺序读取文件中的字符并调用 putchar (ch) 函数显示到屏幕上。

2）字符输出函数 fputc ()

fputc 函数的功能是把一个字符写到磁盘文件中去，调用形式为：

fputc (字符 , 文件指针) ;

例： fputc (ch, fp) ;

其中：ch 是要输出的字符（可以是字符常量或字符变量），fp 为文件型指针变量，指向某个被打开的文件，该文件是用写、读写、追加方式打开，整条语句的作用是将字符变量 ch 中的字符写到 fp 所指向的文件中。

fputc ('a'，fp) ; 则是将字符“a”写到 fp 所指向的文件中。

注意：

①若写操作成功，该函数返回写到文件的字符；否则，返回 EOF。

②文件内部的读写位置指针在读写完一个字符后会自动向后移动一个字符。

例 8.2　使用标准输出文件显示文本文件 file.txt 中的内容。

```
#include <stdio.h>
main ()
{
  FILE *fp;
  char  ch;
  printf ("this is the content of fistfile.txt:") ;
  if ( (fp=fopen ("c:\WinTc\file.txt", "r") ) ==NULL) /* 打开文件 */
  {
    printf ("file open error.\n") ;      /* 打开出错处理 */
    exit (0) ;
  }
  while ( (ch=fgetc (fp) ) != EOF )  /* 从文件中读取字符 */
     fputc (ch, stdout) ;               /* 向标准输出文件中输出 */
```

```
    fclose (fp) ;                          /* 关闭文件 */
}
```

分析：标准输出文件在前边已经介绍过，它指的是终端输出设备，系统也将它看作一个文件，并自动打开。

程序首先打开文件 file.txt，利用 fgetc (fp) 从中逐个读出字符并将读出的字符写到标准输出文件（显示器）中显示，其中指向标准输出文件的指针为 stdout，操作结束后文件关闭。

例 8.3 将一个文档中的大写字母全部改写成小写字母，并将改写的部分另存为一个新的文档中。

```
#include <stdio.h>
main ()
{
  FILE *fpfrom, *fpto;
  char  filefrom[20], ch;
  printf ("Enter filename:") ;
  scanf ("%s", filefrom) ;
  if ( (fpfrom =fopen (filefrom, "r") ) ==NULL)  /* 打开源文件 */
  {
       printf ("File Can Not Open!\n") ;
       exit (0) ;
   }
  fpto =fopen ("newfile.txt", "w") ;          /* 建立目标文件 */
  while (!feof (fpfrom) )
  {
      ch=fgetc (fpfrom) ;
       if ( (ch<='Z') && (ch>='A') )
      {
         ch=ch+32;          /* 大写字母转成小写字母 */
         fputc (ch, fpto) ;     /* 将转换的部分写入目标文件 */
      }
  }
  fclose (fpfrom) ;          /* 关闭两个文件 */
```

```
    fclose (fpto) ;
}
```

程序通过判断读入字符的 ASCII 码值，辨别是否大写字母，大写字母转换为小写字母的方法是将大写字母的 ASCII 码值加上 32。ANSI C 提供了一个 feof 函数来判断文件是否真的结束，如果文件结束则 feof 函数返回 1，否则返回 0。

思考：为了验证写入的文件内容是否正确，请读者修改程序增加读出 newfile.txt 文件内容到屏幕上的代码。通过 DOS 下的 TYPE 命令也可以查看 newfile.txt 文件内容。

（2）文件的字符串读写函数

除了以字符为单位对文件进行读写操作外，C 语言还提供了以字符串为单位进行读写的方法：fgets 和 fputs 函数能实现文件中字符串的读 / 写功能。

1）字符串输入函数 fgets ()

fgets 函数的功能是从文件指针所指向的文件中读取长度不超过 n−1 个字符的字符串，并将该字符串放到字符数组中，调用形式为：

fgets (字符数组名 , n, 文件指针) ;

例：fgets (string, n, fp) ;

其中：参数 string 可以是一个字符数组名，或是指向字符串的指针，n 为要读取的最多的字符个数，fp 是指向该文件的文件型指针。上述语句的意思是从 fp 所指向文件中读入最多 n−1 个字符送入字符数组 string 中。

注意：

①如果从文件中已经读入了 n−1 个连续的字符，还没有遇到文件结束标志或行结束标志“\n”，则 string 中存入 n−1 个字符，并在最后一个字符后加“\0”作为结束标记。如果读入字符时遇到了行结束标志“\n”，则 string 中存入实际读入的字符，串尾为“\n”和“\0”。若是在读文件的过程中遇到文件结束标志 EOF，则 string 中存入实际读入的字符，串尾为“\0”，文件结束标志 EOF 不会存入数组。

举例：指针 fp 指向的文件中有字符串“student”，文件打开后读写位置指针指向第一个字符 s。执行完语句 fgets (string, 4, fp) ; 后，指针向后移动 3 个字符，指向字母 d，string 数组中存放字符序列如下：

s	t	u	\0

②如果操作正确，函数的返回值为字符数组 string 的首地址，反之，当文件已经结束仍然继续读文件，或读取文件内容发生错误，则函数的返回值为 NULL，表

示文件结束。

2）字符串输出函数 fputs ()

fputs 函数的功能是将字符串写入指定的文件。调用形式为：

fputs (字符串，文件指针)；

举例：fputs (string, fp) ;

fputs ("system", fp) ;

其中参数 string 为指向字符串的指针或字符数组名，也可以是字符串常量，fp 是指向将要被写入的文件的文件型指针。第一句的意思是将 string 中的字符串写到 fp 所指文件中去。

注意：

①输出的字符串写入文件时，字符“\0”被自动舍去。

②函数调用成功，则返回值为 0；否则返回 EOF。

例 8.4 从键盘输入多个学生的名字，存入磁盘文件 outfile.txt 中保存。

```
#include <stdio.h>
#include <string.h>
main ()
{
  FILE *fp;
  char str[10];
  printf ("Input the student' s name:") ;
  if ( (fp=fopen ("outfile.txt", "w") ) == NULL)        /* 是否能成功打开 */
  {
      printf ("Cannot open file.\n") ;                  /* 不能正常打开文件 */
      exit (0) ;
  }
  while ( strlen (gets (str) ) > 0 )      /* 从键盘输入字符串到 str 中 */
  {
      fputs (str, fp) ; /* 若该字符串非空则写入文件 outfile.txt 中 */
      fputs ("\n", fp) ;
  }
  fclose (fp) ;                                          /* 关闭文件 */
}
```

分析：程序要求从键盘输入多个学生的名字放入 outfile.txt 文件中保存，首先以写的方式打开文件，然后循环从键盘输入学生姓名，并在每个姓名后加入换行符，调用 fputs 函数保存直到输入结束，关闭文件，程序运行完毕后 outfile.txt 文件中有多个学生的姓名。

（3）文件的格式化读 / 写函数

第三章中我们介绍了 scanf 和 printf 两个格式化输入 / 输出函数，它们的读写对象是标准输入输出文件——键盘和显示器。C 标准函数库还提供了 fscanf 和 fprintf 两个格式化输入 / 输出函数，专门用作对磁盘文件进行格式化输入 / 输出。

1）格式化输入函数 fscanf ()

fscanf 函数的功能是：从文件指针所指向的文件中，按格式控制串中的格式读取相应数据到输入列表中的对应变量地址里。

调用形式为：

fscanf (文件指针 , 格式控制串 , 输入地址列表) ;

例：fscanf (fp, "%d, %s", &i, s) ;

其中参数 fp 为指向将要读取文件的文件型指针，格式控制串和输入列表的内容、含义及对应关系与前面介绍的 scanf 函数相同。该语句完成的功能是，从 fp 指向的磁盘文件中，按格式控制符 %d 和 %s 读取相应数据赋给输入列表中的变量 i 和数组 s。

如果磁盘中的字符为：

10 student

则把 10 赋给 i，把“student”赋给数组 s。

2）格式化输出函数 fprintf ()

fprintf 函数的功能是：将输出列表中的各个变量或常量，依次按格式控制符说明的格式写入文件指针所指向的文件。

调用形式为：

fprintf (文件指针 , 格式控制串 , 输出列表) ;

例：fprintf (fp, "%d, %f", i, a) ;

其中 fp 为指向待写入文件的文件指针，格式控制串和输出列表的内容及对应关系与前面章节中介绍的 printf 函数相同。该语句完成的功能是，将整型变量 i 和实型变量 a 的值按“%d, %f”的格式输出到 fp 指向的磁盘文件中。该函数调用的返回值是实际输出的值的个数。

例 8.5　从键盘按格式输入数据存到磁盘文件中然后输出到屏幕上显示。

```
#include <stdio.h>
#include <string.h>
```

```
main ()
{
  char s[80], c[80];
  int a, b;
  FILE *fp;
  if ( (fp=fopen ("test.txt", "w") ) ==NULL)  /* 打开文件 */
  {
      puts ("Can't open file") ;
      exit (0) ;
  }
  printf ("Input course name and score:\n") ;
  fscanf (stdin, "%s%d", s, &a) ;          /* 从键盘读入数据 */
  fprintf (fp, "%s %d", s, a) ;           /* 写数据到文件 */
  fclose (fp) ;
  if ( (fp=fopen ("test.txt", "r") ) ==NULL)
  {
    puts ("can't open file") ;
    exit (0) ;
  }
  fscanf (fp, "%s%d", c, &b) ; /* 从文件中读数据到数组和变量中 */
  printf ("file content:\n") ;
  fprintf (stdout, "%s %d", c, b) ;  /* 输出数据到屏幕上显示 */
  fclose (fp) ;
  getch () ;
}
```

程序运行后，输出结果如图 8.5 所示。

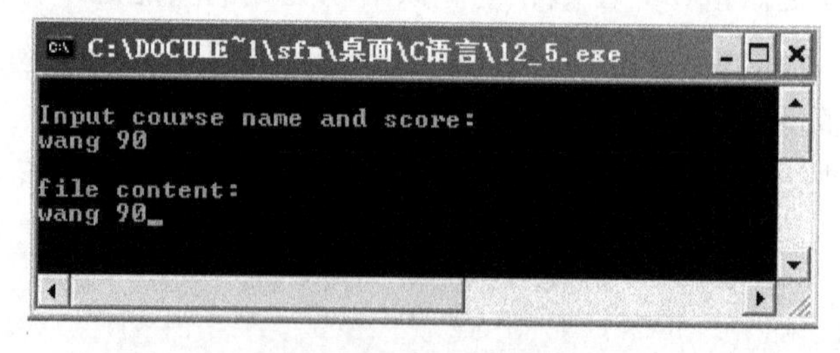

图 8.5　例 8.5 运行结果

(4) 文件的数据块读写函数

在实际应用中常常需要一次读入一组数据，以方便文件操作，ANSI C 提供函数 fread () 和 fwrite () 用来读写用二进制方式打开的文件，一次可读写一个或多个数据块，读写效率大大提高，这里的数据块可以是整数、数组或结构体。

1) 文件数据块读函数 fread ()

fread 函数的调用形式：

fread (buffer, size, count, fp) ;

例：fread (str, 5, 2, fp) ;

其中 buffer 是一个指针，指向读出的数据存放在内存区的起始地址，size 是每次要读出的字节数，count 是要读取的数据块的个数，每个数据块的大小为 size 个字节，fp 是指向文件的指针。

上例中 fread 函数的功能是从 fp 所指向的文件读取 2 个数据到数组 str 中，每个数据为 5 个字节，该函数的返回值是实际读取数据块的个数。

2) 文件数据块写函数 fwrite ()

fwrite 函数的调用形式：

fwrite (buffer, size, count, fp) ;

例：fwrite (str, 4, 6, fp) ;

fwrite 函数的参数及其功能与 fread 函数类似，只是对文件的操作而言是互逆的，一个是读取，一个是写入。范例中 fwrite 函数调用后的功能是从 str 所指的起始地址开始将 6 个数据块写到 fp 所指向的文件中，每个数据块大小为 4 字节。该函数的返回值是实际写入数据块的个数。

例 8.6 从键盘输入 5 个学生的数据，将它们存入文件 filestudent；然后再从文件中读出数据，显示在屏幕上。

```
#include <stdio.h>
#define SIZE 5
struct student_type        /* 定义结构体 */
{
  char name[10];
  int num;
  int age;
  char addr[20];
}stud[SIZE];
void save () ;             /* 函数声明 /
```

```
void display () ;
main ()
{
  int i;
  printf ("Input student data:\n") ;
  for (i=0; i<SIZE; i++)
    scanf ("%s%d%d%s", stud[i].name, &stud[i].num, &stud[i].age, stud[i].addr) ;
  save () ;           /* 调用将学生信息存入文件的函数 */
  display () ;         /* 调用显示学生信息到屏幕的函数 */
  getch () ;
}
void save ()            /* 学生信息存入文件的函数 */
{
  FILE *fp;
  int  i;
  if ( (fp=fopen ("student.dat", "wb") ) ==NULL)  /* 打开文件 */
  {
      printf ("cannot open file\n") ;
      return;
  }
  for (i=0; i<SIZE; i++)
      if (fwrite (&stud[i], sizeof (struct student_type), 1, fp) ==0)
      /* 将学生的信息以数据块形式写入文件 */
            printf ("file write error\n") ;
  fclose (fp) ;
}
void display ()              /* 将学生信息显示到屏幕 */
{ FILE *fp;
  int  i;
  if ( (fp=fopen ("student.dat", "rb") ) ==NULL)
  {
      printf ("cannot open file\n") ;
      return;
```

```
    }
    printf ("\ndislay student.dat:") ;
    printf ("\nname\tnumber\tage\taddress\n") ;
    for (i=0; i<SIZE; i++)
    {  fread (&stud[i], sizeof (struct student_type), 1, fp) ;
       /* 从文件中读出学生的信息 */
        printf ("%-8s%-8d%-6d%-10s\n",   /* 将学生信息输出到屏幕 */
        stud[i].name, stud[i].num, stud[i].age, stud[i].addr) ;
     }
    fclose (fp) ;
}
```

程序运行后，输出结果如图 8.6 所示。

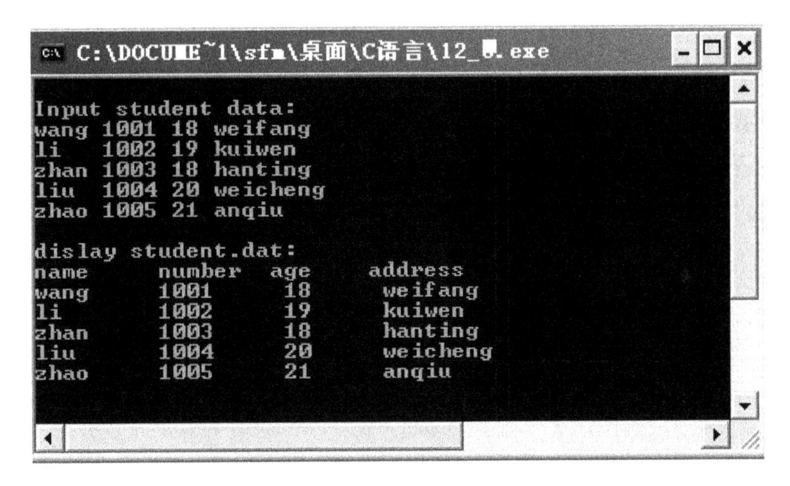

图 8.6　例 8.6 运行结果

分析：程序使用两个函数 save ()，display () 分别完成数据的保存及显示。sizeof (struct student_type) 用来计算该学生类型结构体所占字节数。注意 fread 和 fwrite 函数的用法及意义。

（5）文件定位函数

前面介绍对文件的操作都是顺序读写，即从文件的第一个数据开始依次进行，且文件的位置指针会自动移位。但在实际文件的应用中，还往往需要对文件中某个特定的数据进行处理，这就需要强制将文件的读写位置指针定位到用户所希望的位置。

C 语言对文件的定位提供了三个函数。

1） rewind () 函数

rewind 函数的功能是使文件指针所指向文件的位置指针重新定位到文件的开头。

调用形式为：

rewind (文件指针) ;

例：rewind (fp) ;

其中 fp 为文件型指针，该语句一旦执行，文件读写位置指针返回到 fp 所指向的文件首部。

2） fseek () 函数

fseek 函数的功能是将文件的读写位置指针移到离起始点固定字节处的位置。

调用形式为：

fseek (文件指针 , 位移量 , 起始点) ;

例：

fseek (fp, 10L, 0) ; /* 将位置指针移到文件头起始第 10 个字节处 */

fseek (fp, 40L, 1) ; /* 将位置指针从当前位置向前（文件尾方向）移动 40 个字节 */

fseek (fp, –2L, 2) ; /* 将位置指针从文件末尾向后（文件头方向）移动 2 个字节 */

第一个参数 fp 为指向文件的指针，第三个参数为起始点，指出相对文件的什么位置为基准进行移动，其值既可用标识符表示，也可用整常数表示，表 8.2 给出了代表起始点的标识符和对应的数字。

表 8.2　起点位置的表示方法及含义

标识符	数字	含义
SEEK_SET	0	文件开始
SEEK_END	2	文件末尾
SEEK_CUR	1	文件当前位置

第二个参数为位移量，指从起始点到要确定的新位置的字节数。也就是以起点为基准，向前或向后移动的字节数，其值为正表示从文件当前位置向文件尾部移动，其值为负表示从文件当前位置向文件首部移动，ANSI C 要求该参数为长整型量。如果函数读写指针移动失败，返回值 –1。

例 8.7　从文件 student.dat 中读出第 1 ～ 3 学生数据并显示到屏幕。

```
#include<stdio.h>
#define SIZE 5
```

```
struct student_type              /* 定义结构体 */
{
  char name[10];
  int num;
  int age;
  char addr[20];
}stud[SIZE];
void main ()
{
  long i;
   FILE *fp;
   if ( (fp=fopen ("student.dat", "rb") ) ==NULL)
   {
      printf ("can't open file\n") ;
      exit (0) ;
   }
   for (i=0; i<3; i+=2)
   {
      fseek (fp, i*sizeof (struct student_type), 0) ;    /* 定位文件指针 */
      fread (&stud[i], sizeof (struct student_type), 1, fp) ;
       /* 格式化读数据到数组 stud 中 */
      printf ("%s\t%d\t%d\t%s\n",
      stud[i].name, stud[i].num, stud[i].age, stud[i].addr) ; /* 输出学生信息 */
    }
   fclose (fp) ;
   getch () ;
}
```

3） ftell () 函数

ftell 函数的功能是得到文件指针所指文件的当前读写位置，即位置指针的当前值。该值是一个长整数，是位置指针从文件开始处到当前位置的位移量的字节数。

调用形式为：

ftell (fp) ;

其中 fp 为文件指针，如果函数的返回值为 −1L，表示出错。

例如：

place= ftell (fp) ;

if (place==−1L) printf (“Error!/n”) ;

此函数常与 fseek 函数一起使用，先用 ftell () 获取得当前文件的读写位置，然后利用 fseek () 定位指针得到所需的数据。

例 8.8 首先建立文件 filedata.txt，检查文件指针位置，再将字符串“hello”存入文件中，并检查现在文件指针的位置。

```
#include <stdio.h>
main ()
{ FILE *fp;
  long position;
  fp=fopen ("filedata.txt", "w") ;
  position=ftell (fp) ;                              /* 取文件当前位置 */
  printf ("position=%ld\n", position) ;
  fprintf (fp, "hello") ;                            /* 向文件中写字符串 */
  position=ftell (fp) ;                              /* 取文件指针的当前位置 */
  printf ("position=%ld\n", position) ;
  fclose (fp) ;
}
```

程序运行后，输出结果如图 8.7 所示。

图 8.7　例 8.8 运行结果

分析：position=0 说明打开文件时位置指针在文件第一个字符之前；

position=7 说明写入字符串后位置指针在文件最后一个字符之后。

习题八

一、选择题

1. 系统的标准输入文件是指（　）。

A. 键盘　　B. 显示器

C. 软盘　　D. 硬盘

2. 若执行 fopen 函数时发生错误，则函数的返回值是（　）。

A. 地址值　　B. 0

C. 1　　D. EOF

3. 若要用 fopen 函数打开一个新的二进制文件，该文件要既能读也能写，则文件方式字符串应是（　）。

A. "ab+"　　B. "wb+"

C. "rb+"　　D. "ab"

4. fscanf 函数的正确调用形式是（　）。

A. fscanf (fp, 格式字符串 , 输出表列)

B. fscanf (格式字符串 , 输出表列 , fp) ;

C. fscanf (格式字符串 , 文件指针 , 输出表列) ;

D. fscanf (文件指针 , 格式字符串 , 输入表列) ;

5. fgetc 函数的作用是从指定文件读入一个字符，该文件的打开方式必须是（　）。

A. 只写　　B. 追加

C. 读或读写　　D. 答案 B 和 C 都正确

6. 函数调用语句：fseek (fp, –20L, 2) ; 的含义是（　）。

A. 将文件位置指针移到距离文件头 20 个字节处

B. 将文件位置指针从当前位置向后移动 20 个字节

C. 将文件位置指针从文件末尾处后退 20 个字节

D. 将文件位置指针移到离当前位置 20 个字节处

7. 利用 fseek 函数可实现的操作是（　）。

A. fseek (文件类型指针 , 起始点 , 位移量) ;

B. fseek (fp, 位移量 , 起始点) ;

C. fseek (位移量 , 起始点 , fp) ;

D. fseek (起始点 , 位移量 , 文件类型指针) ;

8. 在执行 fopen 函数时，ferror 函数的初值是（　）。

A. TURE　　B. –1

C. 1　　D. 0

二、填空题

1. 在C语言中，文件可以用__________方式存取，也可以用__________存取。

2. 打开文件的含义是____________，关闭文件的含义是____________。

3. 文本文件在内存中以__________方式存储，二进制文件在内存中以__________方式存储。

4. fopen（）函数有两个形式参数，一个表示______，另一个表示_______。

5. EOF可以用来判断文本文件是否结束，如果遇到文件结束，EOF值为__________，否则为__________。

6. feof (fp) 函数用来判断文件是否结束，如果遇到文件结束，函数值为__________，否则为__________。

7. 下面程序由终端键盘输入字符，存放到文件中，用“！”结束输入。请在横线处填写适当的内容。

```
#include <stdio.h>
#include <stdlib.h>
main ()
{
   FILE *fp;
   char ch, fname[10];
   printf ("Input name of file\n") ;
   gets (fname) ;
   if ( (fp=fopen (fname, "w") ) ==NULL)
   {
      printf ("cannot open\n") ;
      exit (0) ;
   }
   printf ("enter date:\n") ;
   while (__________________ !="!")
         fputc (____________________) ;
   fclose (fp) ;
}
```

三、编程题

1. 编写一个程序，对文件stud.dat加密。加密方式是对文件中所有第奇数个字符的中间两个二进制位进行取反。

2. 从键盘输入两个学生数据，写入一个文件中，再读出这两个学生的数据显示在屏幕上（与例 8.6 的不同在于本例用 fscanf 和 fprintf 函数也可以完成例 8.6 的读写功能）。

附录 A　常用 ASCII 码字符对照表

表 A-1　常用 ASCII 码字符对照表

ASCII 码	字符	控制字符	ASCII 码	字符	ASCII 码	字符	ASCII 码	字符
0	(null)	NUL	32	(space)	64	@	96	′
1		SOH	33	!	65	A	97	a
2		STX	34	"	66	B	98	b
3		ETX	35	#	67	C	99	c
4		EOT	36	$	68	D	100	d
5		EDQ	37	%	69	E	101	e
6		ACK	38	&	70	F	102	f
7	(beep)	BEL	39	'	71	G	103	g
8	■	BS	40	(	72	H	104	h
9	(tab)	HT	41	)	73	I	105	i
10	换行	LF	42	*	74	J	106	j
11	(home)	VT	43	+	75	K	107	k
12	换页	FF	44	,	76	L	108	l
13	回车	CR	45	–	77	M	109	m
14		SO	46	.	78	N	110	n
15		SI	47	/	79	O	111	o
16		DLE	48	0	80	P	112	p
17		DC1	49	1	81	Q	113	q
18		DC2	50	2	82	R	114	r
19		DC3	51	3	83	S	115	s
20		DC4	52	4	84	T	116	t
21	§	NAK	53	5	85	U	117	u
22		SYN	54	6	86	V	118	v

续表

ASCII 码	字符	控制字符	ASCII 码	字符	ASCII 码	字符	ASCII 码	字符
23		ETB	55	7	87	W	119	w
24	↑	CAN	56	8	88	X	120	x
25	↓	EM	57	9	89	Y	121	y
26	→	SUM	58	:	90	Z	122	z
27	←	ESC	59	;	91	[	123	{
28		FS	60	<	92	\	124	
29	◆	GS	61	=	93	]	125	}
30	▲	RS	62	>	94	∧	126	～
31		US	63	?	95	–	127	

附录 B 运算符的优先级、含义及结合性

表 B–1 运算符的优先级、含义及结合性

优先级	运算符	含义	结合性
1（最高）	( )	圆括号，最高优先级，内层更高	从左至右
	[]	下标运算符	
	.	结构体成员运算符	
	->	指向结构体成员	
2	!	逻辑非运算符（单目运算符）	从右至左
	~	按位取非运算符（单目运算符）	
	-	负号运算符（单目运算符）	
	++	自增 1 运算符（单目运算符）	
	--	自减 1 运算符（单目运算符）	
	&	取变量地址运算符（单目运算符）	
	*	指针取值运算符（单目运算符）	
	(类型)	类型转换运算符（单目运算符）	
	sizeof	计算字节数运算符（单目运算符）	
3	*	乘法运算符	从左至右
	/	除法运算符	
	%	求余运算符	
4	+	加法运算符	从左至右
	-	减法运算符	
5	<<	左移（向高位移）运算符	从左至右
	>>	右移（向低位移）运算符	
6	<	小于运算符	从左至右
	<=	小于等于运算符	
	>	大于运算符	
	>=	大于等于运算符	

续表

<table>
<tr><th>优先级</th><th>运算符</th><th>含义</th><th>结合性</th></tr>
<tr><td rowspan="2">7</td><td>==</td><td>等于运算符</td><td rowspan="2">从左至右</td></tr>
<tr><td>!=</td><td>不等于运算符</td></tr>
<tr><td>8</td><td>&</td><td>按位与运算符</td><td>从左至右</td></tr>
<tr><td>9</td><td>∧</td><td>按位异或运算符</td><td>从左至右</td></tr>
<tr><td>10</td><td>|</td><td>按位或运算符</td><td>从左至右</td></tr>
<tr><td>11</td><td>&&</td><td>逻辑与运算符</td><td>从左至右</td></tr>
<tr><td>12</td><td>||</td><td>逻辑或运算符</td><td>从左至右</td></tr>
<tr><td>13</td><td>? :</td><td>条件运算符（三目运算符）</td><td>从左至右</td></tr>
<tr><td rowspan="12">14</td><td>=</td><td>赋值运算符</td><td rowspan="12">从右至左</td></tr>
<tr><td>+=</td><td rowspan="11">复合赋值运算符：
左值与右值完成相关运算后，
再赋给左值。</td></tr>
<tr><td>-=</td></tr>
<tr><td>*=</td></tr>
<tr><td>/=</td></tr>
<tr><td>%=</td></tr>
<tr><td>|=</td></tr>
<tr><td>^=</td></tr>
<tr><td>&=</td></tr>
<tr><td>>>=</td></tr>
<tr><td><<=</td></tr>
<tr><td></td></tr>
<tr><td>15 (最低)</td><td>,</td><td>逗号运算符（顺序求值运算符）
（表达式结果为最后一个表达式的值）</td><td>从左至右</td></tr>
</table>

附录C　C语言中的关键字

表 C-1　C 语言中的关键字

auto	break	case	char	const
continue	default	do	double	else
enum	extern	float	for	goto
if	int	long	register	return
short	signed	sizeof	static	struct
switch	typedef	union	unsigned	void
volatile	while			

附录 D　C 语言中的头文件

表 D-1　C 语言中的头文件

头文件名	含义
alloc.h	说明内存管理函数（分配、释放等）
assert.h	定义 assert 调试宏
bios.h	说明调用 IBM—PC ROM BIOS 子程序的各个函数
conio.h	说明调用 DOS 控制台 I/O 子程序的各个函数
ctype.h	包含有关字符分类及转换的各类信息（如 isalpha 和 toascii 等）
dir.h	包含有关目录和路径的结构、宏定义和函数
dos.h	定义和说明 MSDOS 和 8086 调用的一些常量和函数
erron.h	定义错误代码的助记符
fcntl.h	定义在与 open 库子程序连接时的符号常量
float.h	包含有关浮点运算的一些参数和函数
graphics.h	说明有关图形功能的各个函数，图形错误代码的常量定义，正对不同驱动程序的各种颜色值，以及函数用到的一些特殊结构
io.h	包含低级 I/O 子程序的结构和说明
limit.h	包含各环境参数、编译时间限制、数的范围等信息
math.h	说明数学运算函数，还定了 HUGE VAL 宏，说明了 matherr 和 matherr 子程序用到的特殊结构
mem.h	说明一些内存操作函数（其中大多数也在 STRING.H 中说明）
process.h	说明进程管理的各个函数，spawn…和 EXEC …函数的结构说明
setjmp.h	定义 longjmp 和 setjmp 函数用到的 jmp buf 类型，说明这两个函数
share.h	定义文件共享函数的参数
signal.h	定义 SIG、DFL 常量，说明 rajse 和 signal 两个函数
stdarg.h	定义读函数参数表的宏（如 vprintf, vscarf 函数）
stddef.h	定义一些公共数据类型和宏

续表

头文件名	含义
stdio.h	定义 Kernighan 和 Ritchie 在 Unix System V 中定义的标准和扩展的类型和宏。还定义标准 I/O 预定义流：stdin、stdout 和 stderr，说明 I/O 流子程序
stdlib.h	说明一些常用的子程序：转换子程序、搜索 / 排序子程序等
string.h	说明一些串操作和内存操作函数
sys\stat.h	定义在打开和创建文件时用到的一些符号常量
sys\types.h	说明 ftime 函数和 timeb 结构
sys\time.h	定义时间的类型 time[ZZ (Z)(ZZ)]t
time.h	定义时间转换子程序 asctime、localtime 和 gmtime 的结构，ctime、 difftime、gmtime、 localtime 和 stime 用到的类型，并提供这些函数的原型
value.h	定义一些重要常量，包括依赖于机器硬件的和为与 Unix System V 相兼容的

附录 E　C 语言中的库函数

不同的 C 编译系统所提供的库函数的数目和函数名及函数功能是不完全相同的。由于 C 库函数的种类和数目很多，限于篇幅，本附录不能全部介绍，只从教学需要的角度列出最基本的。读者在编制 C 程序时可能要用到更多的函数，请查阅所用系统的手册。

1. 数学函数

调用数学函数时，要求在源文件中包含 #include <math.h> 命令。

表 E–1　C 语言中的数学函数

函数名	函数原型说明	功能	返回值	说明
abs	int abs (int x) ;	求 x 的绝对值	计算结果	
acos	double acos (double x) ;	计算 arccos (x) 的值	计算结果	x 在 −1 到 1 范围内
asin	double asin (double x) ;	计算 arcsin (x) 的值	计算结果	x 在 −1 到 1 范围内
atan	double atan (double x) ;	计算 arctan (x) 的值	计算结果	
atan2	double atan2 (double x, double y) ;	计算 arctan (x/y) 的值	计算结果	
cos	double cos (double x) ;	计算 cos (x) 的值	计算结果	x 的单位为弧度
cosh	double cosh (double x) ;	计算双曲余弦 cosh (x) 的值	计算结果	
exp	double exp (double x) ;	求 e^x 的值	计算结果	
fabs	double fabs (double x) ;	求 x 的绝对值	计算结果	
floor	double floor (double x) ;	求不大于 x 的最大整数	该整数的双精度实数	
fmod	double fmod (double x, double y) ;	求整除 x/y 的余数	余数的双精度数	

续表

函数名	函数原型说明	功能	返回值	说明
frexp	double frexp (double x, int *p) ;	把 x 分解尾数 y 和以 2 为底的指数 n，即 $x=y^n$, n 存放在 p 所指的变量中	返回尾数 y, 0.5 ≤ y<1	
log	double log (double x) ;	求 $\log_e x$，即 ln x	计算结果	
log10	double log10 (double x) ;	求 $\log_{10} x$	计算结果	
modf	double modf (double x, int *p) ;	把 x 分解为整数部分和小数部分，把整数部分存放在 p 所指的变量中	x 的小数部分	
pow	double pow (double x, double y) ;	计算 x^y 的值	计算结果	
rand	int rand (void) ;	产生 −90 到 32767 间的随机数	随机整数	
sin	double sin (double x) ;	计算 sin (x) 的值	计算结果	x 的单位为弧度
sinh	double sinh (double x) ;	计算双曲正弦 sinh (x) 的值	计算结果	
sqrt	double sqrt (double x) ;	计算$\sqrt{x}$的值	计算结果	x ≥ 0
tan	double tan (double x) ;	计算 tan (x) 的值	计算结果	
tanh	double tanh (double x) ;	计算双曲正切 tanh (x) 的值	计算结果	

2. 字符函数和字符串函数

ANSI C 标准要求在调用字符串函数时，在源文件中包含命令 #include <string.h>，在调用字符函数时，在源文件中包含命令 #include <ctype.h>。

表 E-2 C 语言中的字符函数和字符串函数

函数名	函数原型说明	功能	返回值
isalnum	int isalnum (char ch) ;	检查 ch 是否为字母或数字	是，返回 1，否则返回 0

续表

函数名	函数原型说明	功能	返回值
isalpha	int isalpha (char ch) ;	检查 ch 是否为字母	是，返回 1，否则返回 0
iscntrl	int iscntrl (char ch) ;	检查 ch 是否为控制字符	是，返回 1，否则返回 0
isdigit	int isdigit (char ch) ;	检查 ch 是否为数字	是，返回 1，否则返回 0
isgraph	int isgraph (char ch) ;	检查 ch 是否为可打印字符（ASCII 码值在 0x21 到 0x7e 之间），不包括空格	是，返回 1，否则返回 0
islower	int islower (char ch) ;	检查 ch 是否为小写字母	是，返回 1，否则返回 0
isprint	int isprint (char ch) ;	检查 ch 是否为可打印字符（ASCII 码值在 0x21 到 0x7e 之间），包括空格	是，返回 1，否则返回 0
ispunct	int ispunct (char ch) ;	检查 ch 是否为标点字符（不包括空格），即除字母、数字和空格以外的所有可打印字符	是，返回 1，否则返回 0
isspace	int isspace (char ch) ;	检查 ch 是否为空格、跳格符（制表符）或换行符	是，返回 1，否则返回 0
isupper	int isupper (char ch) ;	检查 ch 是否为大写字母	是，返回 1，否则返回 0
isxdigit	int isxdigit (char ch) ;	检查 ch 是否为一个十六进制数字字符	是，返回 1，否则返回 0
strcat	char *strcat (char *s1, char *s2) ;	把字符串 s2 接到 s1 后面，s1 最后的“\0”被取消	字符串 s1

续表

函数名	函数原型说明	功能	返回值
strchr	char *strchr (char *s, char ch) ;	找出字符串 s 中第一次出现字符 ch 的位置	返回指向该位置的指针，如找不到，返回空指针
strcmp	int strcmp (char *s1, char *s2) ;	比较字符串 s1、s2 的大小	s1<s2，返回负数 s1=s2，返回 0 s1>s2，返回正数
strcpy	char *strcpy (char *s1, char *s2) ;	把字符串 s2 复制到 s1 中	字符串 s1
strlen	unsigned strlen (char *s) ;	求字符串 s 的长度	返回字符个数
strstr	char *strstr (char *s1, char *s2) ;	找出字符串 s2 在 s1 中第一次出现的位置	返回该位置的指针，如找不到，返回空指针
tolower	int tolower (char ch) ;	将 ch 字符转换为小写字母	返回 ch 代表的小写字母
toupper	int toupper (char ch) ;	将 ch 字符转换为大写字母	返回 ch 代表的大写字母

3. 输入输出函数

调用输入输出函数时，要求在源文件中包含 #include <stdio.h> 命令。

表 E-3　C 语言中的输入输出函数

函数名	函数原型说明	功能	返回值
fclose	int fclose (FILE *fp) ;	关闭 fp 所指的文件，释放文件缓冲区	有错返回非 0， 否则返回 0
feof	int feof (FILE *fp) ;	检查文件是否结束	遇文件结束返回非 0， 否则返回 0
fgetc	char fgetc (FILE *fp) ;	从 fp 所指的文件中取得下一个字符	返回所得到的字符，若读出错误，返回 EOF

续表

函数名	函数原型说明	功能	返回值
fgets	char *fgets (char *buf, int n, FILE *fp) ;	从 fp 所指的文件中读取一个长度为 (n−1) 的字符串，存入起始地址为 buf 的空间	返回地址 buf，若遇文件结束或出错，返回 NULL
fopen	FILE *fopen (char *filename, char *mode) ;	以 mode 所指定的方式打开名为 filename 的文件	成功返回一个文件指针，否则返回 0
fprintf	int fprintf (FILE *fp, char *format, args…) ;	把 args 的值以 format 指定的格式输出到 fp 所指的文件中	实际输出的字符数
fputc	int fputc (char ch, FILE *fp) ;	将字符 ch 输出到 fp 所指的文件中	成功返回该字符，否则返回 0
fputs	int fputs (char *s, FILE *fp) ;	将 s 指向的字符串输出到 fp 所指的文件中	成功返回 0，若出错返回非 0
fread	int fread (char *p, unsigned size, unsigned n, FILE *fp) ;	从 fp 所指的文件中读取长度为 size 的 n 个数据项，存到 p 所指的内存区	返回所读的数据项个数，如遇文件结束或出错返回 0
fscanf	int fscanf (FILE *fp, char *format, args…) ;	从 fp 所指的文件中按 format 给定的格式将输入数据送到 args 所指向的内存单元 (args 是指针)	已输入的数据项个数
fseek	int fseek (FILE *fp, long offset, int base) ;	将 fp 所指的文件的位置指针移到以 base 所给出的位置为基准，以 offset 为位移量的位置	返回当前位置，否则返回 −1
ftell	long ftell (FILE *fp) ;	返回 fp 所指文件的读写位置	返回当前位置
fwrite	int fwrite (char *p, unsigned size, unsigned n, FILE *fp) ;	把 p 所指向的 n*size 个字节输出到 fp 所指向文件中	写到 fp 文件中的数据项个数
getc	int getc (FILE *fp) ;	从 fp 所指的文件中读出一个字符	返回所读的字符，若文件结束或出错，返回 −1
getchar	int getchar (void) ;	从标准输入设备读取一个字符	返回所读的字符，若文件结束或出错，返回 −1

续表

函数名	函数原型说明	功能	返回值
getw	int getw (FILE *fp) ;	从 fp 所指的文件中读出一个整数	返回所读的整数，若文件结束或出错，返回 −1
printf	int printf (char *format, args, …) ;	按 format 给定的格式将输出表列 args 的值输出到标准输出设备	输出字符的个数，若出错，返回负数
putc	int putc (char ch, FILE *fp) ;	把字符 ch 输出到 fp 所指的文件中	输出的字符，若出错返回 −1
putchar	int putchar	字符 ch 输出到标准输出设备	输出的字符，若出错返回 −1
puts	int puts (char *str) ;	把 str 所指字符串输出到标准输出设备，将“\0”转换为回车换行	返回换行符，若失败返回 −1
rename	int rename (char *oldname, char *newname) ;	把 oldname 所指的文件名改为由 newname 所指的文件名	成功返回 0，若出错返回 −1
rewind	void rewind (FILE *fp) ;	将 fp 所示的文件位置指针置于文件开头，并清除文件结束标志和错误标志	无
scanf	int scanf (char *format, args, …) ;	从标准输入设备按 format 给定的格式将输入数据给 args 所指向的单元	读入并赋给 args 的数据个数，遇文件结束返回 −1，出错返回 0

4. 动态存储分配函数

调用动态存储分配函数时，ANSI 标准要求在源文件中包含以下命令：#include <stdlib.h>，但许多 C 编译系统要求用 #include <malloc.h>，读者在使用时应查阅有关手册。

void 指针具有一般性，他们可以指向任何类型的数据，在使用时需要用强制类型转换的方法把 void 指针转换成所需要的类型。

表 E-4　C 语言中的动态存储分配函数

函数名	函数原型说明	功能	返回值
calloc	void *calloc (unsigned n, unsigned size) ;	分配 n 个数据项的内存空间，每个数据项的大小为 size 个字节	分配内存单元的起始地址，如不成功返回 0
free	void free (void p)	释放 p 所指的内存区	无
malloc	void *malloc (unsigned size) ;	分配 size 个字节的内存空间	分配内存单元的起始地址，如不成功返回 0
realloc	void *realloc (void *p, unsigned size) ;	把 p 所指内存区的大小改为 size 个字节	新分配内存单元的起始地址，如不成功返回 0

参考文献

[1] 谭浩强 . C 程序设计 [M]. 3 版 . 北京：清华大学出版社，2005

[2] 谭浩强 . C 程序设计题解与上机指导 [M]. 3 版 . 北京：清华大学出版社，2005

[3] 田淑清 . 全国计算机等级考试二级教程——C 语言程序设计 [M]. 北京：高等教育出版社，2002

[4] Herbert Schildt. C 语言大全 [M]. 2 版 . 戴建鹏，译 . 北京：电子工业出版社，1994

[5] Herbert Schildt. ANSI C 标准详解 [M]. 王曦若，李沛，译 . 北京：学苑出版社，1994

[6] H M Peitel. C 程序设计教程 [M]. 蒋才鹏，译 . 北京：机械工业出版社，2000

[7] 李健 . C 语言程序设计 [M]. 成都：电子科技大学出版社，2006

[8] 林小茶 . C 语言程序设计 [M]. 北京：清华大学出版社，2005